天然气水合物

——巨大的能源潜力和环境挑战

Gas Hydrates:
Immense Energy Potential and Environmental Challenges

[意] C. 贾瓦里尼（Carlo Giavarini） [美] K. 海斯特（Keith Hester）◎著

李　新◎译

石油工業出版社

内容提要

本书从能源的演变开始，分别介绍了天然气的笼形水合物、天然气水合物的结构与形成、水合物生成条件和生成率的预测方法、水合物的物理性质、自然界中的水合物、作为油气工业中问题的水合物、作为能源的水合物、水合物的工业用途、天然气水合物的相关环境问题等内容。

本书适合能源行业从业人员阅读，也可供能源类专业师生参考，还可作为新能源企业的培训用书。

图书在版编目（CIP）数据

天然气水合物：巨大的能源潜力和环境挑战 /（意）C. 贾瓦里尼（Carlo Giavarini），（美）K. 海斯特（Keith Hester）著；李新译 . -- 北京：石油工业出版社，2024. 8. -- ISBN 978-7-5183-6839-6

Ⅰ . P618.13

中国国家版本馆 CIP 数据核字第 2024LP1303 号

First published in English under the title
Gas Hydrates: Immense Energy Potential and Environmental Challenges
by Carlo Giavarini and Keith Hester

北京市版权局著作权合同登记号：01-2024-4119

出版发行：石油工业出版社
（北京市朝阳区安华里二区 1 号楼　100011）
网　址：www.petropub.com
编辑部：（010）64523693　　图书营销中心：（010）64523633
经　销：全国新华书店
印　刷：北京九州迅驰传媒文化有限公司

2024 年 8 月第 1 版　2024 年 8 月第 1 次印刷
787×1092 毫米　开本：1/16　印张：9
字数：210 千字

定价：70.00 元
（如出现印装质量问题，我社图书营销中心负责调换）

译者序

气体水合物，包括自然界的天然气水合物和工业界的人工合成气体水合物，有着非常奇特的物理化学性质。自然界的天然气水合物最受关注的莫过于甲烷水合物，它分布广泛，蕴藏的甲烷天然气储量巨大，已经被公认为是潜在清洁能源。“可燃冰”这个名字恰如其分地描述了它的特别之处，也赋予了它一定的神秘感。

在实验室内，科学家们利用低温高压反应釜、循环管线等合成装置和多种分析技术，掌握了气体水合物的笼形结构和相变动力学，为合成和抑制、预测和利用气体水合物奠定了理论基础。在自然界中，通过先进的物探和钻探技术，已基本完成世界范围内的天然气水合物储藏地勘察与资源储量的评估。近年来，以中国为代表的多个国家实现了海底和永冻带的甲烷水合物商业试开采，目前正向可持续性开发迈进。

气体水合物除了作为自然资源，在工业中也有许多有价值的应用，发展出了天然气储运、脱盐淡化、酸性气体分离等新兴领域。在“双碳”战略背景下，二氧化碳能以水合物形式实现生产环节的碳捕集和海底的碳封存，正成为新的热点研究领域。

在此大环境下，本书作为一部全面介绍气体水合物的著作，其中文版的面世可谓恰逢其时。本书首先从气体水合物的能源价值引入，随后分章节介绍气体水合物的结构、物理性质、生成预测、资源开发、工业用途和环境问题。详实的内容和生动的案例适合大众读者及研究人员阅读与参考。

在中文版的翻译过程中，中国石油大学（北京）王琳琳老师提出了宝贵的建议，熊瑛做了第一版文稿校核，在此表示诚挚的谢意！

由于译者水平有限，书中的不足之处在所难免，恳请读者批评指正！

2024 年 6 月

前 言

科学界对天然气水合物的认知和研究已有几十年的历史。但是，大部分人并不知道这种“奇怪”的物质在地球上分布得如此普遍。在国际层面上的天然气水合物领域，还缺少一本面向非专家的书籍。本书就是为了填补这个空白，以最简单的形式和严谨科学的态度解释什么是天然气水合物，并重点强调与其相关的重要能源和环境问题。对于人类来说，天然气水合物究竟是一种巨大能源，还是一种环境挑战，或者二者兼而有之？

笔者致力于让一般技术人员能够了解天然气水合物的有关主要问题和意义，同时为从业科学家或工程师提供足够详细的有用信息。在很大程度上，本书设计的多个章节可独立分开阅读，无须通读全书也能理解。本书尽可能地避免使用方程、公式和复杂的图表。非技术读者可略过某些专业讨论的细节，而不失对整体信息的把握。对于专业人员来说，某些部分可能较为基础和初级。但是，笔者仍然希望这些不会影响本书的总体思路。

天然气水合物领域十分吸引人，涵盖了从化学到地质学再到生物学几乎所有的学科。从能源开发、运输工程到环境科学，乃至气候学领域，天然气水合物都是有难度的挑战，同时更展现出了激动人心的应用潜力。

如果读者想深入了解更多有关天然气水合物的科学和工程知识，我们推荐以下作者在天然气水合物领域的经典著作：E. D. Sloan，Y. Makogon，M. Max，J. Carrol，T. Collett，B. Dillon，J. S. Gudmunsson 等等。这些文献将在本书各章节中频繁引用。

引言

1996年，一台特殊水下机器人停靠在加利福尼亚州海域的蒙特利湾峡谷（Monterey Bay Canyon）中900m水深的海底，将受控剂量的甲烷注射到4℃的海水和海底沉积物之中。天然气和水的混合物在几秒钟之内变成了蓬松的亮白色固态块状物体。这次实验验证了天然气水合物不仅仅存在于海洋水域；在合适的温度和压力条件下，能够非常简单和快速地生成天然气水合物。

2000年11月，一艘拖网渔船在加拿大温哥华海岸打捞出一大块黄渍“冰”。捕获物几乎在被打捞出的同时开始嘶嘶冒泡。船员们在不经意间发现了大量海底天然气水合物沉积。如果当时恰巧有船员点燃了一支火柴，则将引发一场灾难。因为此时船上的天然气水合物正释放出大量的烃类气体，这些气体随着冒出的气泡不断扩散。

天然气水合物的首次发现可以追溯到1810年，这归功于Humphry Davy爵士发现氯气水合物。人们对这些化合物的早期研究大多出于科学好奇，直到20世纪30年代，水合物和油气管道堵塞建立了联系。

自然界中产出的水合物首次由Yuri Makogon于19世纪60年代在西伯利亚冻土区发现，俄罗斯在那里的水合物中开采出了天然气。自从这次发现以来，后续研究引发了大量自然界中水合物沉积的发现，发现地包括永久冻土带和全球海洋的大陆架。

天然气水合物是否会成为一种重要的能源？尽管目前人们正加速开发可靠的开采技术，但未来10～15年内似乎还不可能实现全球范围内的大规模生产。但是，在世界上某些常规能源匮乏的地区（例如日本和印度），天然气水合物很可能在不久的将来成为重要的天然气来源。

地下天然气水合物中存在大量甲烷，这一认识引发人们重新思考地球历史上发生的气候事件。研究人员提出了历史上甲烷的灾难性释放与天然气水合物沉积有关的假说。这一问题引起环保人士对当前天然气水合物在未来大规模气候变化事件中潜在影响的关注。

毫无疑问，许多与天然气水合物有关的环境问题仍有待解决。例如，含天然气水合物的海底斜坡稳定性需要更深入的研究。大规模的扰动，例如地震或海水温度升高，会造成大量甲烷（一种强温室气体）从冰状笼形结构中释放到大气之中。

目录

第一章　能源的演变

1.1　常规化石燃料

煤、石油和天然气作为人类的传统能源，在现代社会发展中发挥了巨大的作用。当初，煤取代木材成为世界第一大能源，引发了 18 世纪后叶的工业革命。石油能源的年龄应从 1859 年 Colonel Edwin Drake 在宾夕法尼亚州泰特斯维尔市（Titusville）钻出的第一口油井算起。从那时开始，油和精炼石油产品已经进入了跨陆、海、空的各个运输领域（Giavarini，2006）。值得注意的是，运输行业所需能源的 97%～98% 依赖于石油，占世界石油消费量的 50%。天然气的利用落后于石油，随着利用管道和液化技术解决（至少部分解决）了天然气相对于流体来说不易运输的问题，其消耗量至今仍在持续增长。

虽然对煤的利用相对石油和天然气有所下降，但煤炭储量远远超过常规石油和天然气，所以煤仍然是一种非常重要的能源。表 1.1 为 1985—2008 年不同能源的消耗量。图 1.1 为 20 世纪不同能源的相对重要程度。为了便于对比，所有能源用量都转化为吨油当量（toe）。1toe 大约为 $1200m^3$ 天然气。

表 1.1　世界范围内的能源消耗量（百万吨油当量）

能源	1985	1990	1995	2000	2005	2008	2008（%）
原油	2793	3172	3283	3612	3892	3929	34.6
天然气	1492	1781	1914	2178	2508	2768	24.4
煤	2089	2246	2239	2247	2884	3324	29.3
核能	335	453	526	585	627	620	5.4
水力发电—地热	448	490	562	601	658	718	6.3
总计	7157	8142	8524	9223	10569	11359	100.0

数据来源：BP Statistical Review。

1.1.1　原油

图 1.2 为 2006—2010 年间的石油需求变化，数值在 86×10^6bbl/d 或 43×10^8t/a 上下浮动。相对于经济合作与发展组织（OECD）成员国家，非 OECD 国家对原油的需求呈稳定的增长趋势。中国已经成为一个主要的能源消费国家，大约占新增石油需求的 1/3。

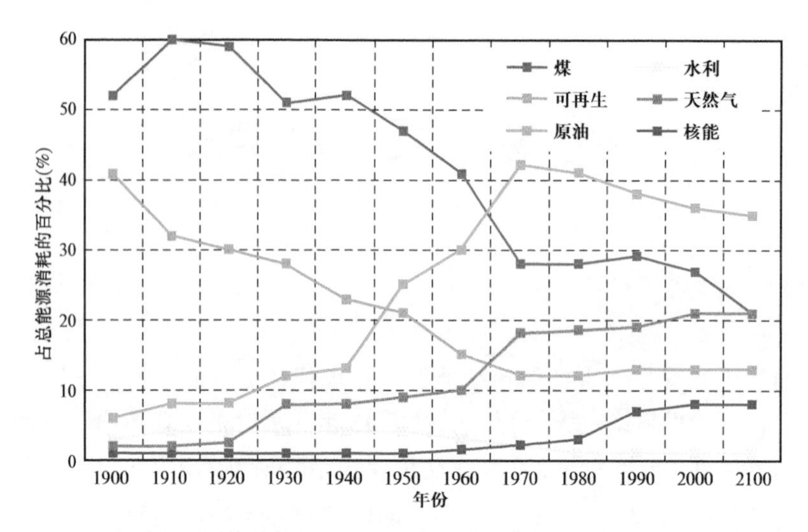

图 1.1　20 世纪不同能源的相对重要程度（数据来源：IEA 和 IIASA-WEC）

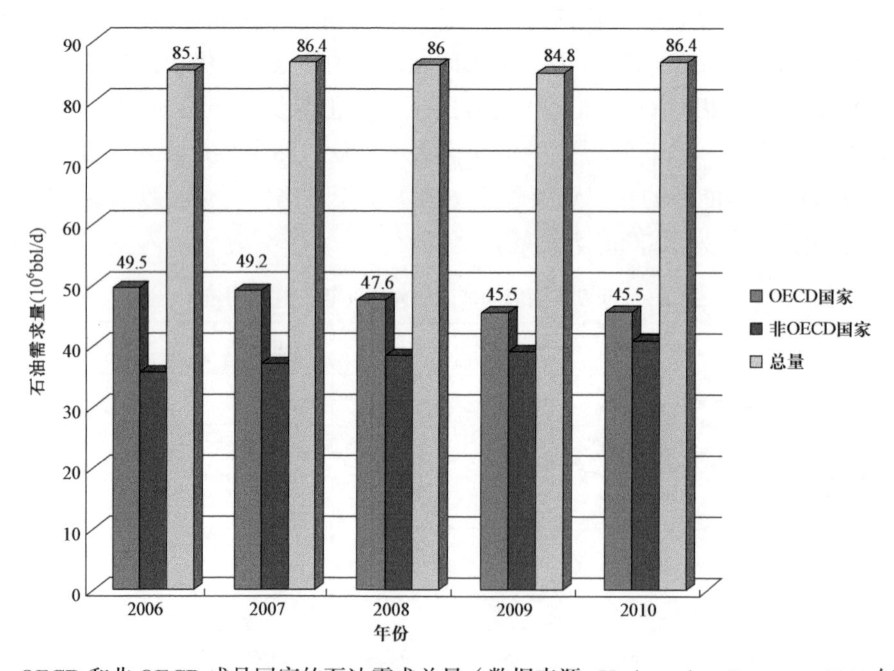

图 1.2　OECD 和非 OECD 成员国家的石油需求总量（数据来源：Hydrocarbon Process，2011 年 1 月）

石油的未来发展更多受地缘政治影响，而非资源枯竭。正如石器时代并非因为缺少石头而结束，石油时代结束的原因也不会是原始材料的缺乏，而是由其他因素决定。

按照目前的石油消耗速度，常规石油估算储量（超过 1600×10^8t）还能满足 40 年的需求。读者可能会注意到，30 年前的储量和“石油峰值（Peak Oil）”估算显示只能保证大约 30 年的石油消耗。事实上，新发现储量（虽然与之前相比较为有限）有助于保持石油储量的连续正增长。图 1.3 为法国石油研究院（IFP）的预测结果，与其他石油公司的结果接近。石油产量将于 2035 年左右达到峰值并慢慢下降。最高石油产量预测值的增加归因于新发现储量、石油钻井技术的进步（钻井深度的增加、钻井技术的改进）和石油采收率的提高（从约 35% 提高至 50% 以上）。

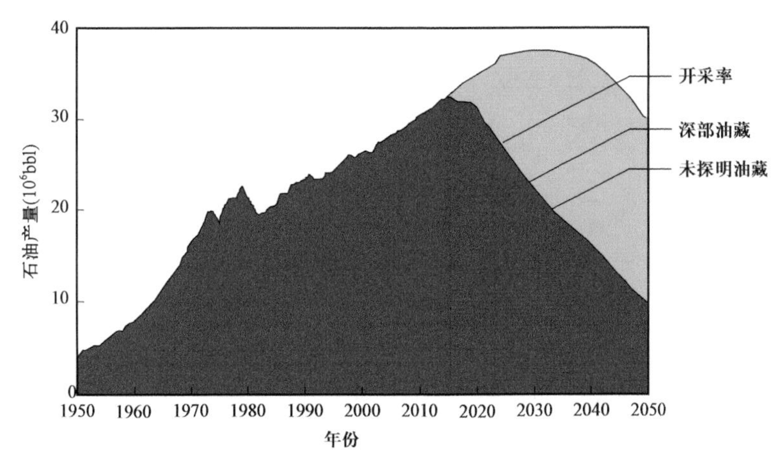

图 1.3　IFP 预测到 2050 年石油产量的变化

世界上最大的石油储量位于沙特阿拉伯（接近 400×10^8t）、伊朗（略低于 200×10^8t）、伊拉克、科威特、阿联酋、委内瑞拉和俄罗斯。挪威、尼日利亚、利比亚和俄罗斯虽然不拥有最大的储量，但却是世界上最大的几个石油出口国。我们即将看到，油砂和超重原油等其他石油资源正逐渐进入常规石油的范畴，已知石油储量的国际分布也将显著增加。

石油价格（以 bbl 为单位，1bbl=159L）的变化十分依赖国际事件和经济形势。“桶”这一单位源于首次运输石油时使用的容器是装盛威士忌的木桶。今天使用的金属桶的容积更大，出于商业和财政目的，单位桶已标准化为 42gal。桶和吨之间的转换关系为 1bbl=0.14t（原油平均相对密度按 0.85 计算）。

1.1.2　天然气

天然气这一名词通常指代地表沉积物中富含甲烷的气体，但也常含有高碳链烃（以乙烷和丙烷为主）和数量不等的酸性气体（例如二氧化碳和硫化氢）。

当天然气中含有相对于甲烷来说数量较多的高碳链烃时定义为湿气（wet gas）。酸气（sour gas）指天然气中包含硫化物，特别是硫化氢；否则为无硫天然气，又称甜气（sweet gas）。表 1.2 给出了天然气品质参数的典型范围及其对石油价格的影响。一般来说，无硫天然气的价格高于含硫天然气，这是由于无硫天然气从原材料到最终产品需要的加工流程更少。天然气常常伴随于石油开采过程，并位于石油油藏的上部地层之中（图 1.4）。

常规天然气储量较大（约 $190\times10^{12}\text{m}^3$ 或 1600×10^8toe），能够满足超过 60 年的需要（以当前消耗速度计算）。非常规天然气储量正变得越来越重要（例如页岩气和煤层气）。由于天然气消耗量稳定增长，预计在 10～20 年后超过石油，那时的非常规天然气会更显重要。世界上最主要的天然气藏位于俄罗斯（约 $5000\times10^{12}\text{m}^3$）、伊朗、卡塔尔、沙特阿拉伯、阿联酋、美国和阿尔及利亚。俄罗斯是世界上最大的天然气生产国，其次是美国。

表 1.2　干气和湿气中的典型组分（%，摩尔分数）

成分		干气	湿气
烃类	甲烷	70~99	50~92
	乙烷	1~10	5~15
	丙烷	微量~5	2~14
	丁烷	微量~2	1~10
	戊烷	微量~1	微量~5
非烃类	氮气	微量~15	微量~10
	CO_2	微量~1	微量~14
	H_2S	0~微量	0~6
	氦气	0~5	0

注：表中数值为平均值。天然气藏中可能含有大量的个别组分，例如 H_2S。

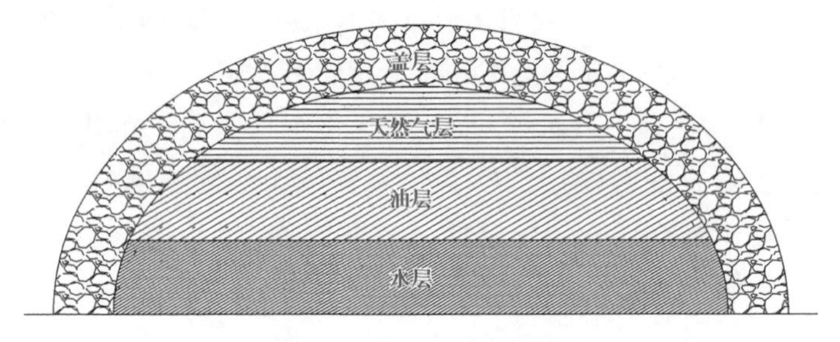

图 1.4　伴生天然气油田

天然气成功的原因是它非常容易提纯变成几乎纯净的甲烷产品。甲烷只包含 1 个碳原子和 4 个氢原子，是最清洁的化石燃料。甲烷还是当前和未来很长时间内获得氢气的主要来源。

天然气具有清洁燃烧的天然特性。作为一种气体，与其他液态石油产品相比，天然气的运输和存储更加复杂。液态石油的运输相对容易，便于运输到不同的市场。天然气的运输则需要专用基础设施建设，例如管道和液化天然气（LNG）工厂，才能到达消费市场。这通常作为约定写入合同条款，需要具备这些保障后才能进行经济投资。许多天然气探明储量都是“搁置（stranded）储量”，难以到达或远离当前市场，或者其规模不值得投资建设管线和 LNG 工厂。

除了常规运输方法，许多新的天然气运输技术也在发展之中。这些技术包括高压运输、液态燃料（GTL）和天然气水合物（图 1.5）。第九章将详细说明这些技术为何特别适合于搁置气田。

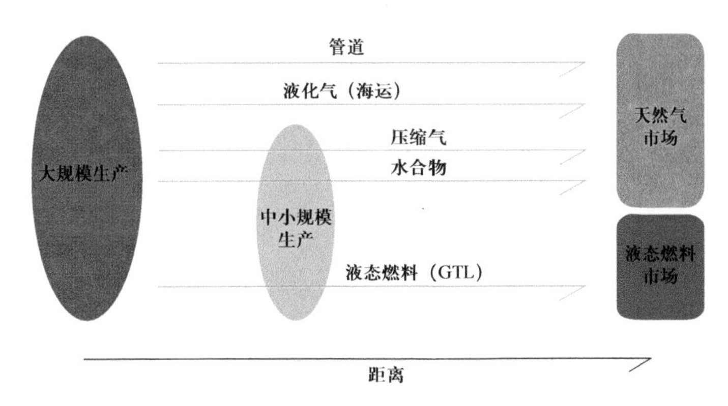

图 1.5　天然气的运输方法

1.1.3　煤炭

除了天然气水合物之外，煤是目前储量最大的化石燃料。煤储量超过 5.7×10^8toe，能够满足人类大约 230 年的需求（以当前消耗速度计算）。虽然人类对石油的利用已经超过了煤，但煤的消耗仍然非常重要。煤的消耗量经过了一段不景气之后，于 2000 年后再次开始增长；根据最可靠的预测，煤在 2010 年开始又出现显著增长。煤的消耗量增长有多种原因，包括战略、政治和技术等。

最大的煤储量位于澳大利亚。气化和碳捕集等现代技术使煤能够更清洁地燃烧。图 1.6 显示了煤的现代利用、石油精炼加工及其与二氧化碳处置之间的关系。与液态燃料相比，煤面临的问题仍然是难以提取、运输、存储和利用。

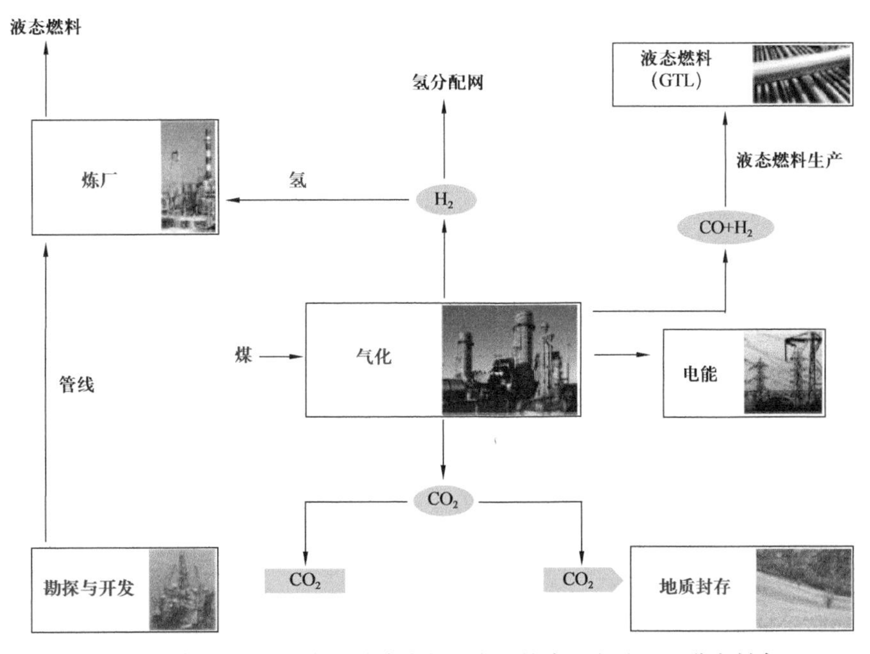

图 1.6　煤气化发电、氢和液态燃料生产的综合开发及 CO_2 分离封存

1.2　核能和可再生能源

1.2.1　核能

为了满足日益增长的能源需求，必须寻找并开发石油、天然气和煤之外的其他能源和解决方案，包括核能和可再生能源。

如表 1.1 所示，近年来核能产出较为低迷，这主要源自人们对核电站的安全性及核能副产品的安全处置的担忧。在某些国家，核电的利用率仍然很高，例如法国（核电约占总发电量的 76%）和德国（30%）。与煤炭开采相比，核能的利用难度更大，因为安装、建设和运行核电站的成本巨大、耗时很长。最新研究表明，未来对核能的利用不会大幅增长，特别是在 2011 年日本地震及后续发生的核电站灾难之后。

1.2.2　可再生能源

可再生能源主要包括太阳能、水电能和生物能。其中，水力发电是第一种工业开发的可再生能源。水电能仍是许多国家的重要能源，并将继续增长。目前，90% 的电能来自可再生能源，而水力发电量约占世界总发电量的 20%。然而，海平面以上的大多数可发电用的水资源都已被开发利用，目前对潮汐等资源的利用仅处于发展阶段。

太阳能和风能正经历两位数的增长，主要得益于政府的鼓励政策和技术进步。即使增长，太阳能和风能的总贡献量仍然很低，直到 2020 年二者占总发电量比例仍低于 0.5%。

生物能包括垃圾、木材、填埋气和生物燃料。第一代生物燃料主要为从玉米和甘蔗中提取的乙醇，它经历了从综合能源利用率到破坏全球食物价格方面的争论。第二代生物燃料直接从纤维素和藻类获得，具有很好的前景，是当前学术界和工业界非常活跃的研究领域。

1.3　非常规化石燃料能源

在石油和天然气富有国家和能源高度依赖国家之间关系的紧张时期，人们对通过开发非常规化石燃料能源来降低对进口能源的依赖性产生了极大兴趣。这时的非常规化石燃料能源主要包括超重原油、沥青砂（现在称为油砂）、油页岩、煤层（煤层气）和页岩中的天然气（页岩气）、天然气水合物中的甲烷。

图 1.7 显示，如果将超重原油和油砂（不含页岩）考虑在内，则全球石油储量格局将发生改变。就总储量而言，委内瑞拉和加拿大将分别跃升至第一位和第三位。

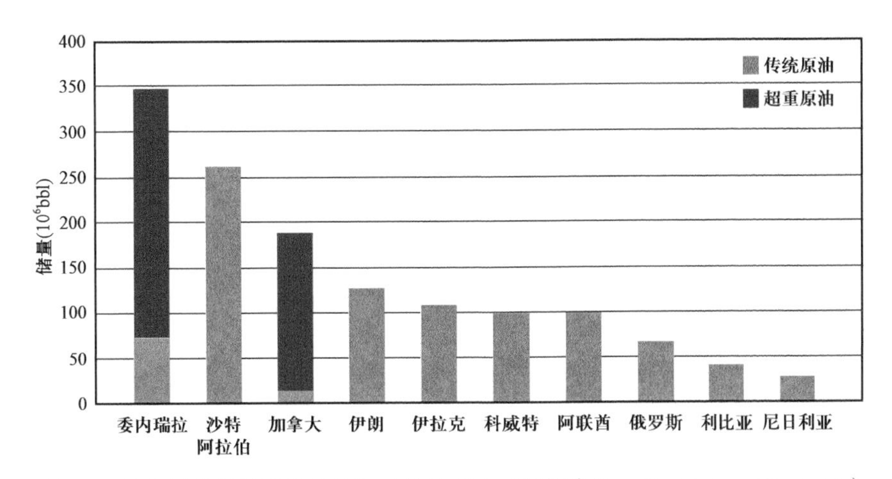

图 1.7　传统原油储量和超重油砂储量的对比（数据来源：BP，Union Oil，2006）

这类非常规能源的开发利用面临技术和经济方面的大量挑战。这类非常规能源储量如此丰富，但至今仍很难开采，主要与采用新型复杂钻井和生产技术带来的高成本有关（图 1.8）。新技术本身也引发了对新的环境问题的担忧和关注，必须加以考虑。虽然如此，由于石油价格不断攀升，加拿大已经在向美国大量出口从油砂中提取的石油，而且数量仍在增加。21 世纪初的常规石油和天然气探明储量约为 300×10^8toe，非常规储量约为 140×10^{12}toe，其中大部分归功于天然气水合物中蕴含的甲烷量。正如我们将看到的那样，即使天然气水合物中具有大量可用能源，目前天然气水合物中天然气的生产也刚刚达到了中试规模。

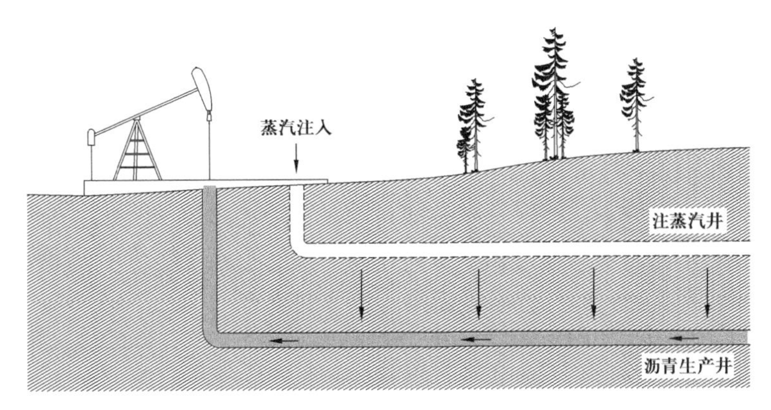

图 1.8　利用蒸汽吞吐技术从加拿大油砂中开采沥青

原位重质油和沥青的数量也非常丰富，约为 6000×10^8toe，相当于目前已发现的常规石油的剩余储量。加拿大艾伯塔的油砂、委内瑞拉奥里诺科河的超重原油和俄罗斯的重油约占这类储量的 87%（Sanière，Argillier，2005）。目前，这类储量只开发利用了不到 2%。按照当前的技术水平来说，估算采收率约为 20%，但这仍然是沙特阿拉伯石油和天然气储量的五倍之多。

天然气水合物储量的估算结果近年来不断变化。通过现场钻探等大量的合作研究和共同努力，天然气水合物储量从最初具有很大不确定性逐渐改善。虽然几年来总体储量有所下降，但目前公认的天然气水合物中的甲烷储量大小是所有化石燃料总和的若干倍。目前，天然气水合物中的甲烷储量估计约为 $21\times10^{15}m^3$ 或 17.7×10^6toe（Collett，2003；Kvenvolden，Lorènson，2001），占地球上有机碳储量的一半以上。因此，天然气水合物在世界能源格局下的重要性不容忽视，尤其是天然气水合物普遍分布于全球各个不同地区。

图 1.9 为按照总量和可采性得到的常规天然气和非常规天然气储量的金字塔结构。常规天然气更容易生产，但总量匮乏；非常规天然气储量丰富，但生产更具挑战。整个金字塔从顶到底的开采成本逐渐增高，需要的技术水平也越高。

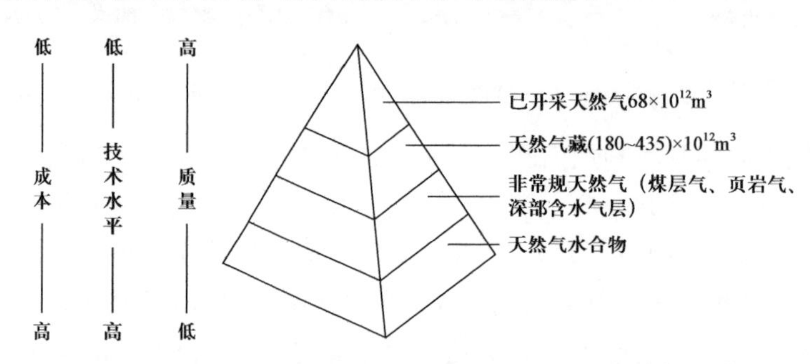

图 1.9　天然气资源总量与可采性的金字塔结构

1.4　全球能源市场的演变

从世界范围来看，石油、天然气和煤的储量足以满足未来几十年的能源需求。常规石油能源储量的下降正在被日益增长的非常规油气储量开发利用所抵消。非常规天然气储量十分丰富，并仍在增长。

但是，在当前的形势下，已很难对石油和天然气等常规资源进行计划投资和开发。为了满足整个市场的总体需求，经营者不得不建设更大的业务规模，并向超深水等恶劣环境进军，以实现与国有石油天然气公司等新型经济体的竞争。

以石油为例，虽然相同时期内的需求量已经增长了 20%，但过去 10 年内的储采比却一直保持在 40 年左右。

未来，资源仍将保持非对称性分布。中东地区拥有丰富的储量和很低的开采成本（3～5美元 /bbl，而在美国和欧洲为 12～15 美元 /bbl），将继续扮演至关重要的角色。但这些国家的局势有时极其糟糕，其储量并非一直容易获得。国有公司的创建和不断增强也反映出了这方面的影响。投资风险的增加和高度不确定性促使人们努力寻找非常规能源，这也正在成为工业化国家的优先政策。

参考文献

Collett T S，2003. Natural gas hydrates as a potential energy resource//Max M D. Natural gas hydrates in oceanic and permafrost environments. New York：Kluwer Academic Publishers.

Giavarini C，2006. Structure and schemes of oil refining industry//ENI. Encyclopaedia of hydrocarbons，2. Rome：Treccani：3−24.

Kvenvolden K A，Lorenson T D，2001. The global occurrence of natural gas hydrate//Paull C K，Dillon W P. Natural gas hydrates：occurrence，distribution，and detection. American Geophysical Union，Geophysical Monograph Series，124：3−18.

Sanière A，Argillier T F，2005. Exploitation of heavy oils. Hydrocarbure ENSPM−IFP，234：11−16.

第二章　天然气的笼形水合物

2.1　什么是天然气水合物?

天然气水合物是水（或冰）与小分子（称为水合物客体）在特定温度和压力条件下形成的结晶化合物（图 2.1），正确的化学名称应该为“天然气笼形水合物（gas clathrate hydrates）”，是由一种分子进入另一种分子（此处为水）的晶格中而形成的笼形化合物。实际上，这些化合物通常被称作天然气水合物、笼形水合物，或直接简称为水合物。对于特定的水合物客体分子来说，天然气水合物通常可稳定存在于低温高压条件下。天然气水合物的客体分子范围很广，其中最具实用价值的是甲烷、乙烷和丙烷等轻质烃类分子。水合物形成时，水在结晶作用下形成一个分子大小的笼形晶格将客体分子包裹在内，而在主体水分子和客体分子之间并不存在化学键（图 2.2）。

图 2.1　水合物的外观与冰类似，水合物内部的甲烷可点燃形成火焰
（图片来源：Peter Walz，MBARI）

水合物的晶体结构在很大程度上取决于晶格中的客体分子。天然气水合物是非化学计量的，即客体与水分子之比可根据形成的条件而变化，这与水合盐不同。例如，如果结构 I 型（s I）水合物的所有笼形结构均被甲烷占据，则主客体分子比值应为 5.75（H_2O：CH_4），而实际上该比值在 6（H_2O：CH_4）左右。

天然气水合物具有浓缩气体的作用（从而增加烃类客体分子的能量密度）。对甲烷来说，1 体积水合物包含标准温度和压力条件下（STP）大于 160 体积的气体（图 2.3）。考虑到 $1m^3$ 天然气（STP）的能量密度约为 0.04×10^6kJ，那么 $1m^3$ 甲烷水合物包含约 6.20×10^6kJ 的能量。表 2.1 给出了常见燃料的能量密度对比。

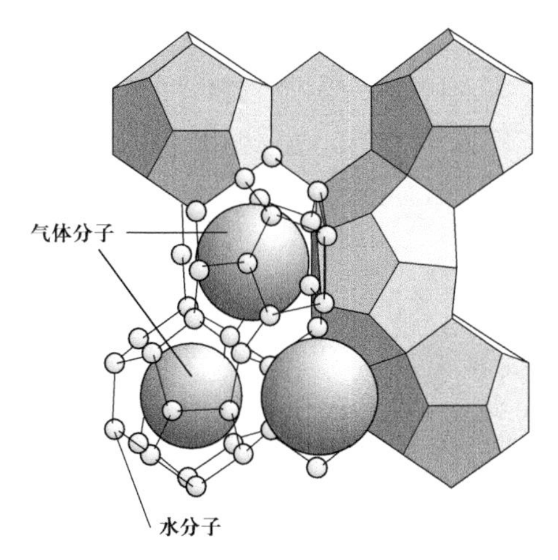

图 2.2 天然气水合物晶格中包裹着气体分子（转自 SETARAM）

分子大小的笼形结构由氢键水分子构成

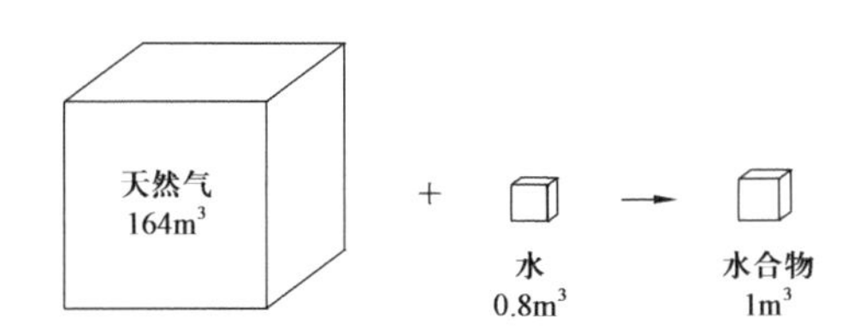

图 2.3 甲烷水合物中水和气体的体积比例

表 2.1 常见燃料的能量密度对比（据 Max，Johnson，Dillon，2006）

燃料类别	密度（g/mL）	能量密度（BTU①/ft³）	能量密度（kJ/m³）
CH_4（气态）	6.66×10^{-4}	1012	37706
CH_4（LNG）	0.42	570000	21.2×10^6
CH_4（s Ⅰ 型水合物）	0.91	165968	6.2×10^6
液态氢	0.07	229000	8.5×10^6
汽油	0.74	876000	32.6×10^6
航空燃料	0.78	910000	33.9×10^6
柴油	0.78	995000	37.1×10^6

① BTU 为英国热量单位（British Thermal Unit）的简写，1BTU=1.055kJ。

甲烷水合物的密度（约 0.91g/cm³）与冰（0.92 g/cm³）接近，并随温度和压力条件的不同或其他客体分子的进入而产生一些变化。

陆上永久冻土区、辽阔的海洋和湖泊水底沉积物中广泛存在适合水合物生成的温度和压力条件。

陆上永久冻土区的地表温度低，水合物可稳定存在于靠近地表的地层中。在水深超过 400～500m 的海洋环境中，低温和高压环境使水合物稳定存在于沉积物孔隙之中（图 2.4），其范围可达海底以下几百米。水合物稳定存在的下限由当地地温梯度决定。一般来说，大陆坡沉积物的深度每增加 100m，温度升高 3～4℃。随着深度增加到一定程度，将不再满足水合物稳定存在的温度条件。

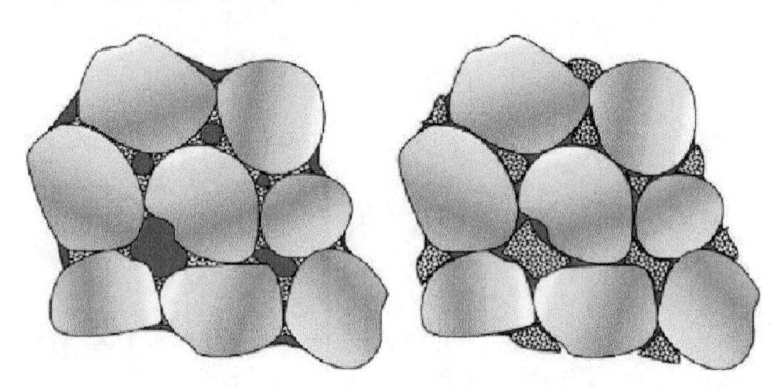

图 2.4　天然气水合物在沉积物孔隙空间中的分布（图片来源：Tim Kneafsey，劳伦斯伯克利国家实验室）

自然界的水合物中的甲烷来源大部分为生物成因，即通过细菌分解有机质的甲烷生成作用在原地生成。甲烷还可以从更深处的热成因甲烷运移而来。

2.2　一些历史信息

人类对天然气水合物的认识过程主要分为三个发展阶段（Sloan，Koh，2008）：

（1）第一阶段，始于发现某些气体能与水生成固态化合物（1810 年），后来研究人员出于好奇在实验室内制备并实验新型化合物。

（2）第二阶段，始于 19 世纪 30 年代，发现天然气水合物可堵塞石油天然气管道。若油气运输管道内同时具备了高压和低温条件，就为水合物的生成创造了理想环境，并可导致严重的问题。

（3）第三阶段，始于 19 世纪 60 年代，发现永久冻土带和海洋沉积物中存在数量庞大的天然气水合物。后来在宇宙中其他地方（包括行星和卫星等）也发现了几百万年前形成的天然气水合物。

1778 年，现代冷藏制冷技术还未出现，Joseph Priestly 爵士利用冬天夜晚的低温条件（约 −8℃）研究存在不同气体时水的结冰过程。他发现 SO_2 和水的混合物可以结“冰”。人们正是从此时认识到 SO_2 可在 −8℃以下形成水合物。他的另一个重要发现是“冰”在融化过程中沉入了液态水底。这表明 SO_2 水合物的密度更大，不能像冰那样漂浮在水面。这很可能是观察到水合物的首次记录。但是，Priestly 当时并没有认识到其重要性，直到 1810 年水合物才被正式发现。Humphry Davy 爵士在向伦敦皇家学会（Royal Society of London）的演讲中报道了氯水合物的发现（Davy，1811）。

后续的早期研究主要集中在识别其他哪些化合物能形成水合物，如表 2.2 所示。直到 1888 年，人们才发现轻质烃气体能够生成天然气水合物，例如甲烷、乙烷和丙烷（Villard，1888）。

表 2.2 水合物领域的早期主要科研成果

年度	时间
1778	Joseph Priestly 推测存在 SO_2 水合物
1810	Humphry Davy 发现氯水合物
1823	Faraday 确定水合物分子式（$Cl_2 \cdot 10H_2O$）
1828	Löwig 发现溴水合物
1829	证实存在 SO_2 水合物（$SO_2 \cdot 7H_2O$）
1884	Le Chatelier 确定了 273K 温度条件下氯水合物的 $p-T$ 稳定曲线的斜率变化
1882	发现 CO_2 水合物
1877—1882	发现 CO_2-PH_3 和 H_2S-PH_3 混合水合物
1888	Villard 发现含甲烷、乙烷、乙烯、乙炔和一氧化二氮的水合物
1890	Villard 发现丙烷水合物，并发现下四相点温度随水合物客体分子量的增加而下降
1896	Villard 提出 N_2 和 O_2 也可以生成天然气水合物
1902	de Forcrand 首次报道利用 Clausius-Clapeyron 方程计算天然气水合物生成和分解过程中的热量
1925	de Forcrand 发现氪和氙水合物

天然气水合物的实用性研究开始于 19 世纪 30 年代，当时发现天然气水合物能够引起管道堵塞（甚至在结冰温度以上时堵塞）。从那时起，工业界开始认识到天然气水合物的重要性，进入了现代水合物研究阶段。这一阶段的研究主要集中在寻找水合物晶格增长条件、预测水合物生成动力学和水合物防治方法，包括甲醇等抑制剂的使用。

1967 年，苏联首次在西伯利亚冻土带中发现大型甲烷水合物藏（Makogon，1974）。接下来的若干年，麦索雅哈（Messoyakha）气田生产了 $50 \times 10^8 m^3$ 天然气，其中的部分产量来自天然气水合物的分解。

接下来的几十年，在阿拉斯加西部和加拿大马更些三角洲（Mackenzie Delta）发现水合物。随后人们认识到深海沉积物中也存在水合物，并做了大量工作来更好地认识自然界中的水合物，包括通过深海钻探系统地调查和描述水合物沉积物、在天然气水合物产出地（例如美国东海岸、墨西哥湾、危地马拉和南美）进行取样研究。

近年来的国际合作项目（日本、印度、加拿大和美国）正在研究将陆上和海上天然气水合物作为未来甲烷来源进行开发利用的可行性。2002 年和 2008 年，加拿大永久冻土带区进行了水合物试验性天然气开采测试（图 2.5）。（译者注：日本已于 2013 年 3 月成功从南海海槽海底天然气水合物中试开采出天然气。我国已于 2017 年成功试采南海神狐海域天然气水合物。）

图 2.5　加拿大甲烷水合物生产测试的火焰（图片来源：Tim Collett）

2.3　天然气水合物的研究现状和发展潜力

许多国家（例如日本、加拿大和美国）已经投入巨资来支持天然气水合物的科学和技术研究。美国能源部（US Department of Energy）首个政府项目可追溯到 1982 年。从 19 世纪 90 年代早期开始，每三年举办一次国际天然气水合物大会（International Conference on Gas Hydrate，ICGH），在每年大量其他国际会议上也有关于水合物研究的报道。

天然气水合物的能源潜力是当前许多国家进行研究的主要动力。然而，长期以来，对水合物研究的关注主要为能源公司和流动保障相关领域（例如维护管道和井筒中的石油正常流动）。管道中形成水合物可导致产量下降，造成重大经济损失。此外，涉及天然气水合物的意外事件还造成了财产损失和人员伤亡。天然气水合物生成的相关问题已经成为 2010 深水地平线（Deep Water Horizon）钻井平台爆炸的特殊议题，并曾尝试用于阻止原油流入墨西哥湾。

许多天然气水合物研究涉及如何利用水合物抑制剂进行流动保障。历史上，工业界曾试图通过添加热力学抑制剂（例如甲醇和乙二醇）将环境条件改变至水合物稳定区之外，从而避免水合物的生成。这种方法类似于在道路上撒盐来融化冰雪。但是，限于经济性和环境等原因（第七章），当前使用的方法已经转变为控制水合物生成，即所谓的动力学（kinetic）水合物抑制剂。这类化学试剂多为高分子聚合物，所需浓度很低。动力学水合物抑制剂的作用机理为降低水合物生成和增长的速度来保证油气流动。此外，人们还研究了防聚剂来阻止水合物聚集和粘连，使其无法形成水合物栓塞。工业界经常利用大型循环管线装置来模拟管道内的液体流动（图 2.6），进而研究水合物的生成和堵塞及抑制剂效果。

图 2.6　IFP 内用于研究管道中水合物的多相流循环管线装置“Lyre Loop”（法国里昂附近）

实验室内仍然进行着许多基础实验，用于确定水合物系统的热特性和机械性质。关于天然气水合物成核作用，也正进行非常复杂的研究，例如研究水合物的第一个晶格于何时生成。水合物研究面临的困难，在于生成和制备性质明确而且一致性好的高饱和度水合物样品。沉积物中的天然气水合物研究更加复杂，其挑战仍然是如何制作并获得性质明确且可重复再现的水合物样品。

自然界中的水合物是一个巨大的能源库，此外水合物还有许多其他应用。其中最新、最重要的一个领域为利用天然气水合物运输和存储天然气。研究表明，甲烷水合物在 −40～0℃存在一个异常亚稳态范围。在 −8～0℃的环境中，即使在大气压力条件下，水合物分解的速度也相当缓慢（Sloan et al.，2008）。这为以水合物形式运输甲烷气创造了条件和依据，其实现条件较其他方法（例如 LNG）来说也更为“温和”。这种技术可用于“搁置”天然气，将其转化为水合物后运送到市场进行销售。

天然气水合物还可用于解决 CO_2 捕获、运输和存储问题。相对于烟道废气中的另一主要成分——氮气（N_2），可以利用水合物有选择性将 CO_2 捕获。CO_2 还可以以水合物的形式注入永久冻土带和海洋沉积物中进行封存。另一项开发中的技术是利用 CO_2 置换天然气水合物中的甲烷。研究显示，CO_2 与甲烷水合物接触时会替换水合物笼形结构的甲烷分子。这将允许依托天然水合物藏同时实现能源的开采和碳排放的封存。天然气水合物还曾被研究用于作为存储氢气的材料。氢气曾被认为无法生成天然气水合物，而研究显示，H_2 在高压条件下可以占据天然气水合物的笼形结构。

科学界对天然气水合物的潜在危害非常关注，尤其是天然（地震、海水温度升高）或人为引起的海底斜坡稳定问题。2004 年在温哥华举办的 AAPG 会议上，与天然气水合物有关的主要结论之一是认识到要加强记录水合物在油气钻井和完井过程中引起的相关问题（Collett et al.，2009）。

近年来，水合物文献显著增长。天然气水合物领域涵盖众多应用领域和大量专业学科，包含地质学、化学、物理学、海洋学、宇宙学和工程学科。在发现天然气水合物后的前 100 年里，发表了大约 40 份文献。1965—2010 年间，这个数字已经超过了 4000。图 2.7 为自 1993 年（纽约新帕尔兹）到 2011 年（英国爱丁堡）前 7 届 ICGH 发表的论文数量。ICGH 上的汇报数量从 1996 的 61 个增加到 2011 年的 650 个。

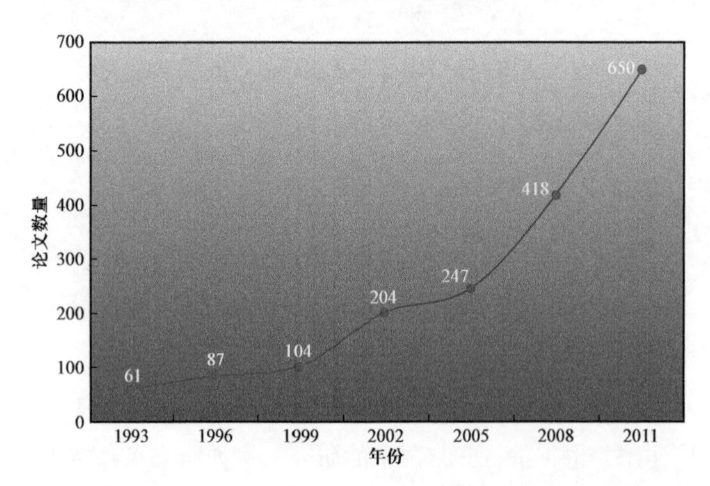

图 2.7　ICGH 发表的论文数量（ICGH 每三年在不同的国家举办一次）

关于水合物，有许多优秀的书籍可供读者参考，其关注领域和详细程度也有很多选择，具体可见参考 Carroll（2009），Sloan 和 Koh（2008），Makogon（1974，1997），Max（2003）等著作。

参考文献

Carroll J，2009. Natural gas hydrates：A guide for engineers. 2nd ed. Oxford：Gulf-Elsevier.

Collett T，Johnson A，Knapp G，et al.，2009. Natural gas hydrates：energy resource potential and associated geological hazards，AAPG Memoir 89. Tulsa：AAPG.

Davy H，1811. On some of the combinations of oxymuriatic acid and oxygen，and on the chemical reactions to these principles to inflammable bodies. Philos Trans R Soc Lond，101：1.

Makogon Y F，1974. Hydrates of natural gases（in Russian）. Moscow：Nedra.

Makogon Y F，1997. Hydrates of hydrocarbons. Tulsa：PennWell Books.

Max M D，2003. Natural gas hydrate in oceanic and permafrost environments. London：Kluwer.

Max M D，Johnson A H，Dillon W P，2006. Economical geology of natural gas hydrates. Dordrecht：Springer.

Sloan E D，Koh C A，2008. Clathrate hydrates of natural gases. 3rd ed. Boca Raton：CRC Press.

Stern L，Circone S，Kirby S，et al.，2001. Anomalous preservation of pure methane hydrate at 1 atm. J Phys Chem B，105：1756−1761.

Villard P，1888. Sur quelques nouveaux hydrates de gaz. Compt Rend，106：1602−1603.

第三章　天然气水合物的结构与形成

3.1　奇怪的混合物——水

天然气水合物晶体的形成基础是天然气与水分子之间的特殊相互作用。水分子由1个氧原子和2个氢原子组成，其视沸点为100℃。而根据分子大小推算，水的沸点应该在-80℃左右！这一特性源自水能够形成氢键的能力。水分子是极性分子，氢原子上可呈局部正电荷，而氧分子呈轻微负电性。水分子中的一个氢原子可以与另一个水分子中的氧原子形成次级氢键（图3.1）。这个键的强度约为主共价键强度（将水分子团结在一起）的十分之一。尽管如此，这让水拥有了很多独特的性质。

水分子与其他绝大多数液体不同，它的最大密度并不在冰点处获得。在1atm（大气压力）条件下，水在4℃时的密度最大。水的体积在其凝固时会增大，所以冰能浮于水。在水形成固态冰的过程中，水分子非常有序地排列成六边形晶体结构（图3.2）。这种结构相比其无序液态时要占据更大的空间。这在很大程度上是水分子之间存在氢键的缘故。

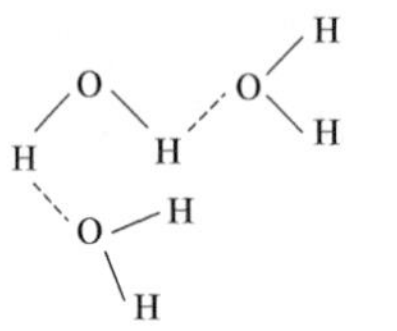

图3.1　氢键在水分子间形成连续结构

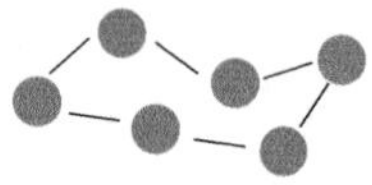

图3.2　冰晶体内的水分子形成的三维六边形排列

水的另一重要特性是具有溶解多种物质的能力，例如盐。海水中通常含有3.5%（质量分数）左右的氯化钠和其他盐类。气体（例如CO_2和H_2S）相对可溶于水。但是，甲烷和天然气等烃类不能溶解，仅有非常少的剂量能溶解于水中。虽然烃类在水中的溶解度非常低，但其溶解度可随压力增加而增大，随温度升高而降低。矿化度同样影响溶解度，在相同的温度和压力条件下，盐溶液中含有的气体量低于纯水情况。

正如气体分子溶解于水那样，水也可以溶解或分散于气体之中。气体内的含水饱和度是温度和压力的函数（图3.3）。

3.2　天然气水合物的形成

水本身在0℃时结冰。在合适的条件下，其他分子的存在可使由氢键连接的H_2O分子朝这类分子重新取向，形成一种固态晶体。水作为主体形成笼形结构，将客体分子“捕

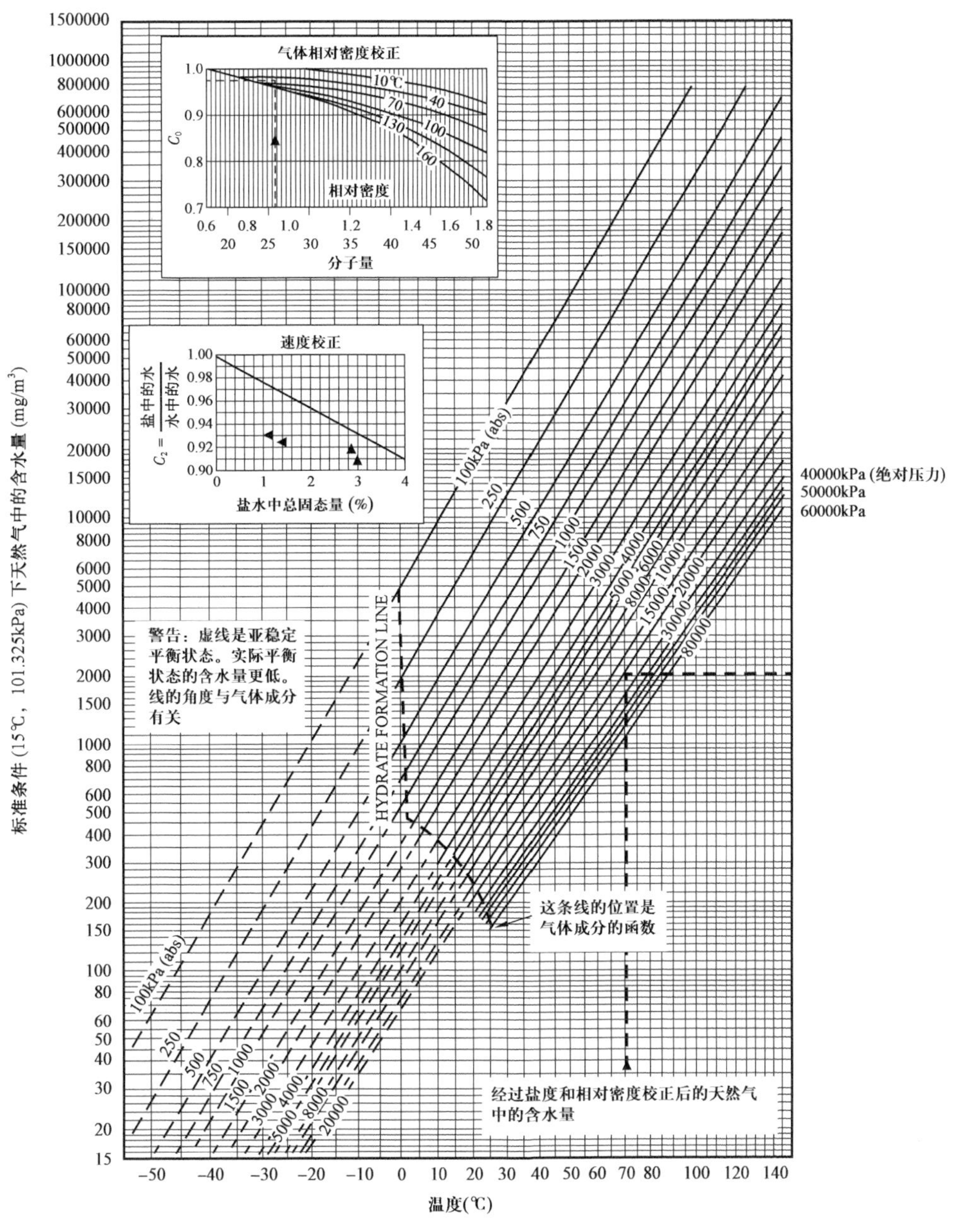

图 3.3　天然气中的含水量随温度和压力的变化关系
（Mc Ketta–Wehe 图版，图片来源：GPSA Eng. Data Book）

获”并包裹在内（图 3.4）。固态水合物的稳定性不依赖于客体分子与主体水分子之间的直接键合作用。客体分子可在水分子笼形结构中自由旋转。水合物的稳定性靠的是客体分子和水分子之间的范德华引力。水合物的形成需要满足如下三个条件：

（1）足够多的水；

（2）水合物客体，例如甲烷、乙烷和 CO_2 等；

（3）合适的压力和温度条件（通常为高压低温）。

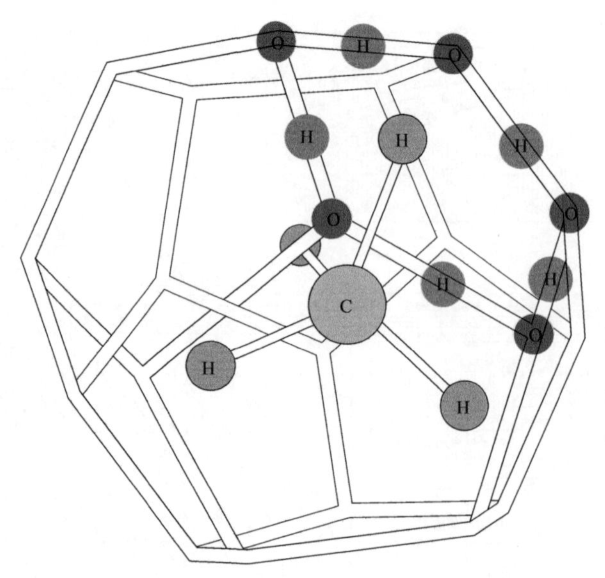

图 3.4　水合物中的气体分子被包裹在水分子晶穴之中

冰和水合物有很多相似之处，但也有明显差异。表 3.1 给出了冰和甲烷水合物性质的对比。

表 3.1　冰和甲烷水合物的关键性质对比（据 Max，2003）

性质	冰	甲烷水合物
密度（g/mL）	0.916	0.912
在水中的熔解热（kJ/mol）	6	9
263K 下热导率［W/（m·K）］	2.25	0.49
273K 下相对介电常数	94	58
273K 下杨氏模量（10^9Pa）	9.5	8.4
纵波声速（km/s）	3.8	80
273K 下压缩系数（10^{-11}Pa）	12	14
折射率	1.3082	1.3485

3.3　天然气水合物的晶体结构

水合物是具有明确晶体结构的固态化合物，其晶体结构为水分子氢键构成的分子笼形晶穴（molecular cage）。晶穴将水合物客体分子包裹在内，客体分子使晶体晶格保持稳定。

一般来说，每个水合物晶穴最多包含一个客体分子。多个分子也可同时占据一个水合物晶穴，但通常需要非常高的压力。水分子与客体分子的比例系数称为水合指数。

对于烃类混合物和其他常见气体来说，最常见的水合物晶体结构是结构Ⅰ型（sⅠ）和结构Ⅱ型（sⅡ）。这两类结构是由 von Stackelberg 及其同事于约 20 世纪中叶利用 X 射线衍射技术确定的（von Stackelberg，1949）。表 3.2 对比了 sⅠ和 sⅡ型水合物的一些主要性质，图 3.5 给出了空间叠加形成这两种结构的笼形多面体。

表 3.2　sⅠ和 sⅡ型水合物的主要性质对比（据 Carroll，2009）

性质		sⅠ	sⅡ
单元晶胞内的水分子个数		46	136
单元晶胞内的晶穴个数	小晶穴	2（5^{12}）	16（5^{12}）
	大晶穴	6（$5^{12}6^{2}$）	8（$5^{12}6^{4}$）
理论化学式	所有晶穴均被占据时	$X \cdot 5^{3}/_{4}\ H_2O$	$X \cdot 5^{2}/_{3}\ H_2O$
	水合物中气体的摩尔分数	0.1481	0.1500
	仅大晶穴被占据时	$X \cdot 7^{2}/_{3}\ H_2O$	$X \cdot 17\ H_2O$
	水合物中气体的摩尔分数	0.1154	0.0556
笼直径（Å）	小晶穴	7.9	7.8
	大晶穴	8.6	9.5
单元晶胞体积（m^3）		1.728×10^{-27}	5.178×10^{-27}
典型客体分子		CH_4，C_2H_6，H_2S，CO_2	C_3H_8，$i\text{-}C_4H_{10}$，N_2

注：X 为水合物客体。

sⅠ型单元晶胞（最小的晶体单元）为体心立方晶格，由 46 个水分子形成的 6 个大晶穴和 2 个小晶穴构成。如图 3.5 所示，sⅠ水合物中的小晶穴为五边十二面体（由十二个五边形构成）。水合物文献中常将 sⅠ小晶穴记为 5^{12}，表示晶穴具有 12 个五边形表面。sⅠ大晶穴是四面体，记为 $5^{12}6^{2}$，表示晶穴具有 12 个五边形表面和 2 个六边形表面。

当单个晶穴中含有一个分子且所有晶格均被占据时，sⅠ型水合物的理论水合指数（n）为 5.75（46/8）。但是天然气水合物中总是存在未被占据的空晶穴，使水合指数变大。

形成 sⅠ型的天然气包括甲烷、乙烷、CO_2 和 H_2S。甲烷和 H_2S 等形成 sⅠ型水合物的小分子使小晶穴保持稳定，同时也足以为 sⅠ大晶穴提供稳定性。乙烷等形成 sⅠ型水合物的大分子很少占据小晶穴，而几乎只存在于大晶穴之中。水合物是非化学计量的，根据水合物客体和形成条件的不同，水合指数的变化范围很大。甲烷几乎占据所有的晶穴（约占大晶穴的 95%、小晶穴的 85%），水合指数 n 约为 6（Circone，Kirby，Stern，2005）。

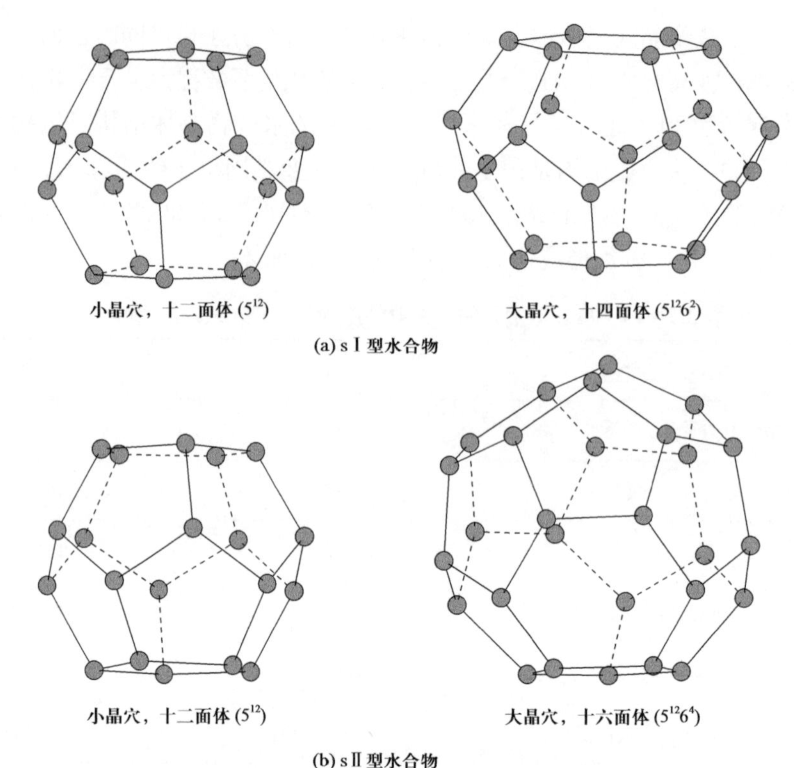
小晶穴，十二面体 (5^{12})　　大晶穴，十四面体 ($5^{12}6^2$)

(a) sⅠ型水合物

小晶穴，十二面体 (5^{12})　　大晶穴，十六面体 ($5^{12}6^4$)

(b) sⅡ型水合物

图 3.5　sⅠ和 sⅡ型水合物的多面体结构

CO_2 在 5^{12} 晶穴中的占有率不高，仅为 50%（*n* 约为 6.6）。乙烷分子尺寸太大，实际上几乎不占据 5^{12} 晶穴（*n* 约为 7.9）。但更高压力下的实验已观察到乙烷在 5^{12} 晶穴中的占有率达到了约 5%（Udachin，Ratcliffe，Ripmeester，2002）。

sⅡ型晶胞为面心立方晶格，由 136 个水分子形成的 8 个大晶穴和 16 个小晶穴构成。sⅡ型小晶穴与 sⅠ型相同。sⅡ型大晶穴为六边十二面体，具有 12 个五边形表面和 4 个六边形表面（记为 $5^{12}6^4$）。sⅡ型 $5^{12}6^4$ 晶穴大于 sⅠ型的大晶穴。当所有晶穴都被客体分子占据时，这类结构的水合指数为 5.67（136/24）。

常见的 sⅡ型水合物客体分子包括丙烷和异丁烷等大分子。对于小晶穴来说，这些分子因过大而无法进入，水合指数在 17 左右。除了这些大分子之外，氢、氦和氮等最小的水合物客体也能形成 sⅡ型水合物。

从 von Stackelberg（1949）开始，人们认识到客体分子尺寸是水合物稳定晶体结构的决定性因素。图 3.6 为客体尺寸与水合物稳定结构的关系（Ripmeester，2000）。对于小于 3.8Å 的分子来说，sⅡ是其稳定结构。其原因可能是 sⅡ型单元晶胞中大晶穴 / 小晶穴的比率为 0.5。这些小客体分子几乎不能提供大晶穴的稳定性，而更倾向于形成具有最高密度的小晶穴。

人们曾经认为 H_2 和 He 等分子无法形成水合物，后来发现这些最小的客体确实能够形成水合物，但需要巨大的压力。分子尺寸接近 sⅠ型大晶穴的客体具有许多有趣的特性。

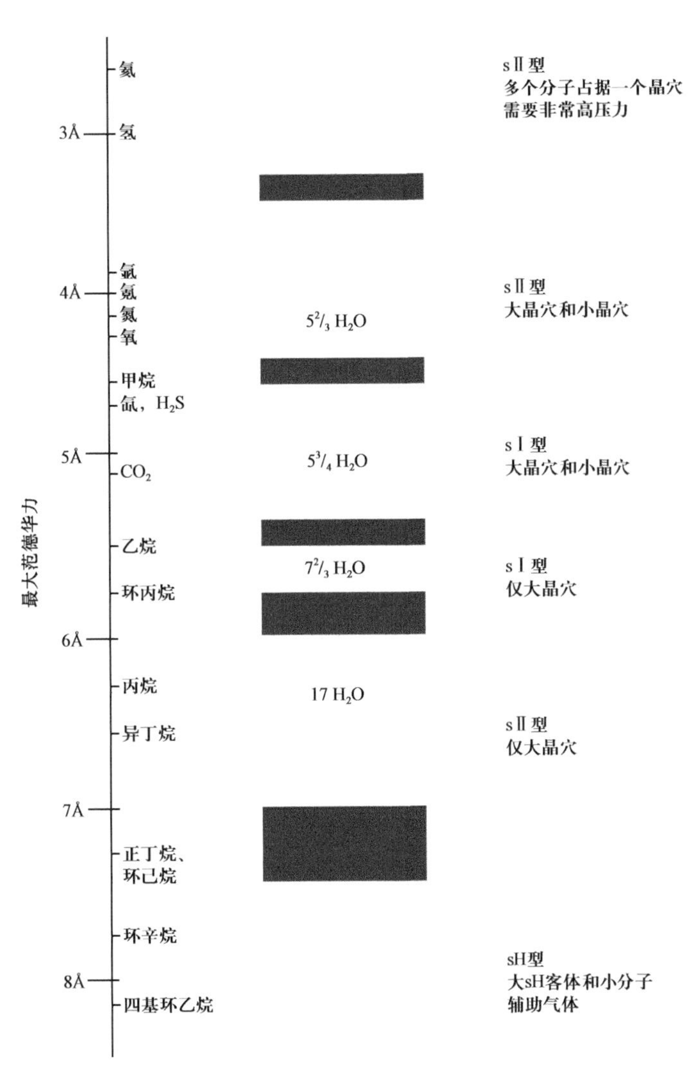

图 3.6　水合物的客体分子尺寸与类型之间的关系

氧杂环丁烷和环丙烷等分子在不同的条件下（例如浓度和压力）既能形成 sⅠ型水合物也能形成 sⅡ型水合物。丙烷和异丁烷等分子则不能适应 sⅠ型 $5^{12}6^2$ 晶穴，因而 sⅡ型再次成为其稳定结构。正丁烷和环乙烷等能形成 sⅡ型水合物的最大客体分子需要一个小的辅助客体分子才能适应 5^{12} 型晶穴并形成水合物。

表 3.3 给出了一些气体分子尺寸、气体分子直径与不同水合物晶穴直径的比值。当这个比值低于约 0.76 时，就认为其他分子不再对晶穴起稳定作用；当比值大于 1 时，客体不再适应该晶穴。还有一种由更大的客体分子形成的水合物结构，虽然并不常见，但也非常重要。结构 H 型（sH）水合物的六面体晶格结构由 34 个水分子和三类晶穴组成，这三类晶穴分别为：3 个小 5^{12} 晶穴、2 个中等 $4^35^66^3$ 晶穴和 1 个大 $5^{12}6^8$ 晶穴（图 3.7）。甲基环乙烷等分子可形成 sH 型水合物。但是，与形成 sⅡ型水合物的最大分子类似，仅当存在第二种辅助气体时，sH 才能使 5^{12} 和 $4^35^66^3$ 晶穴保持稳定。

表 3.3 分子尺寸、分子和水合物晶穴直径之比（据 Sloan，Koh，2008）

分子类型	分子直径（Å）	分子直径 / 晶穴直径			
		sⅠ		sⅡ	
		5^{12}	$5^{12}6^2$	5^{12}	$5^{12}6^4$
He	2.28	0.447	0.389	0.454	0.342
H_2	2.72	0.533	0.464	0.542	0.408
N_2	4.1	0.804	0.700	0.817	0.616
O_2	4.2	0.824	0.717	0.837	0.631
CH_4	4.36	0.855	0.744	0.868	0.655
H_2S	4.58	0.898	0.782	0.912	0.687
CO_2	5.12	1.00	0.834	1.02	0.769
C_2H_6	5.5	1.08	0.939	1.10	0.826
C_3H_8	6.28	1.23	1.07	1.25	0.943
i-C_4H_{10}	6.5	1.27	1.11	1.29	0.976
n-C_4H_{10}	7.1	1.39	1.21	1.41	1.07

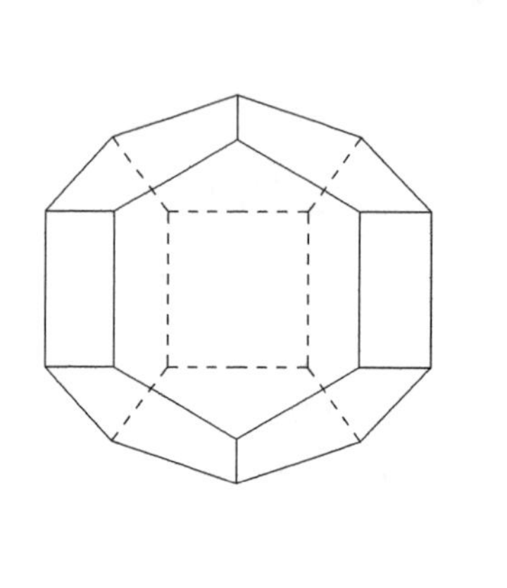

(a) 不规则十二面体 ($4^35^66^3$)

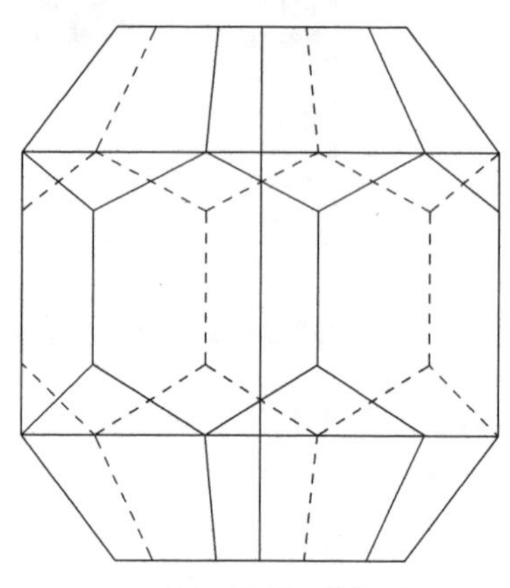

(b) 二十面体 ($5^{12}6^8$)

图 3.7 与十二面体共同形成 sH 水合物的不规则十二面体和二十面体晶笼

在这三类常见的水合物结构之外，还发现了大量的其他水合物晶体结构。仅少数客体分子（例如二甲醚和溴）能够形成这些结构，而它们并不符合图 3.6 中的分子尺寸与结构类型之间的关系，其原因还未完全研究透彻。高压也能改变水合物的稳定结构，这对于宇宙学领域的水合物研究具有现实意义。人们推测地球以外的许多地方存在水合物，其中有几处（例如土卫六）满足产生高压相变的条件。

3.4 其他可能性和奇特性

天然气水合物的世界极其复杂多样。本书重点关注自然界中的天然气水合物。但笔者觉得向读者重点介绍一些其他气体和液体形成的有趣水合物也很重要。虽然经常称呼它们为“天然气”水合物，而实际上液体和气体都能形成水合物。

人们在不久以前还普遍认为氢、氦和氮无法形成水合物。现已证实它们确实能形成水合物，但相比常见天然气客体分子来说需要更高的压力。例如，在273K左右的温度条件下，氢水合物需要约400MPa才能保持稳定，而甲烷水合物只需2.6MPa。

空气同样能形成水合物，但是由于所需压力较高，在地球表面尚未发现空气水合物。事实上，它们存在于极地冰盖之中（图3.8）。冰盖中的压力随深度而增加，同时又能保持低温状态，所以空气水合物可以稳定存在（Pauer et al.，2004）。极地冰层中的空气（呈气泡或水合物）是很久以前被困在冰中并掩埋下来的。冰层厚度与时间有关，因此其内部的空气是过去大气条件的最直接证据。这类空气水合物的研究对于正确解释冰芯记录来说至关重要。

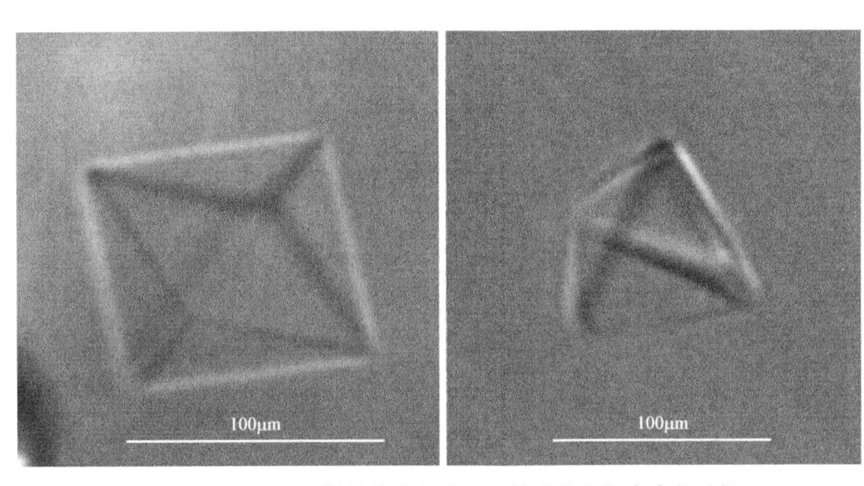

图3.8 格陵兰中部1271m和1378m深处的冰芯中发现的单晶空气水合物（据Pauer et al.，2004）

虽然我们常说水合物需要高压条件，然而许多客体在地球大气压力（1atm）下就能形成水合物。首批被发现的水合物客体（例如SO_2，Cl_2）就属于这种情况。其他客体包括环醚，例如环氧乙烷（C_2H_4O，EO）、氧杂环丁烷（C_3H_6O，TMO）和四氢呋喃（C_4H_8O，THF）。EO形成sⅠ型水合物，THF形成sⅡ型水合物。TMO非常有趣，根据它在水相中浓度的不同，既可形成sⅠ型水合物也可形成sⅡ型水合物。环戊烷是一种在大气压力条件下生成最接近自然界天然气水合物的化合物，它在7℃左右就能形成sⅡ型水合物。

THF可与水混合并在大气压力下形成水合物，经常用于模拟研究自然界中的水合物。THF还是水合物的助催化剂。它能显著降低水合物稳定条件，并增强水合物生成动力学过程（Giavarini，Maccioni，Santarelli，2003；Seo，Kang，Lee，2001；Sloan，Koh，2008），对于氢水合物生成来说尤其如此。氢水合物的发现激发了人们对水合物作为氢气存储介质的研究兴致，因为这种存储方法唯一的副产品是水（Mao et al.，2002）。然而，生成氢水合物需要极大的压力，目前应用还不太实际。利用 THF 可大大降低生成氢水合物所需的条件（Sugahara et al.，2009）。这种方法的不足在于 THF 占据 sⅡ型水合物的大晶穴空间，降低了总体储氢能力。近期研究显示，THF+H_2 的亚稳态水合物可存储 3.4% 的 H_2，所需压力条件相比纯 H_2 水合物来说要低很多（Sugahara et al.，2009）。

3.5 水合物的生成条件

3.5.1 压力—温度相图

无论出于理论还是现实原因，天然气水合物稳定存在条件（与水合物共存的其他相态）都是非常重要的一个研究方向。这些信息通常以压力—温度（p–T）相图的方式表示。图 3.9 为常见烃类与水的 p–T 相图。图中的水合物稳定曲线（2–2′ –2″）定义出了水合物稳定存在的位置点。水合物稳定区域在这条线的左侧，朝着低温和高压方向。

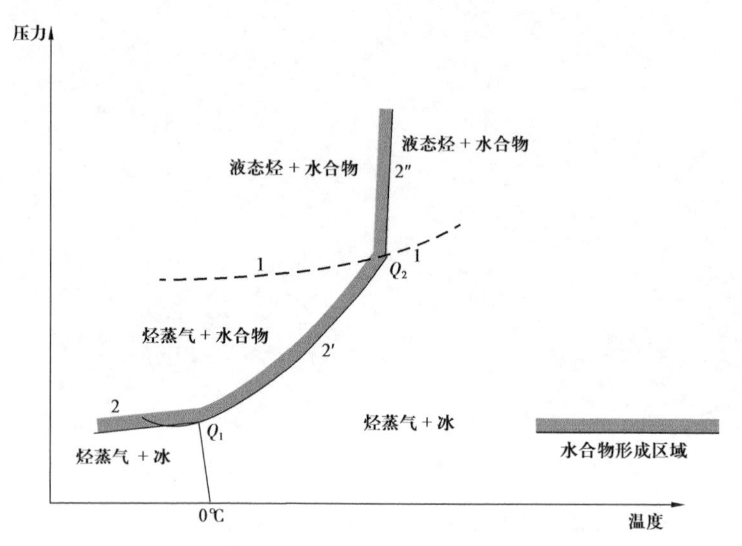

图 3.9 纯烃类（大于甲烷）的典型 p–T 相图

水合物稳定曲线的斜率首次发生变化的位置（Q_1）是下四相点，此处同时存在四种相态，分别为：液态烃、冰、水合物和烃蒸气。在 Q_1 下方，水合物由冰形成，而非液态水。

水合物稳定曲线的斜率在 Q_2 处（或上四相点）发生第二次变化。在 Q_2 位置处，同时存在液态烃、水合物、烃蒸气和冰。虚线 1 表示混合物的蒸气压力曲线（烃类由蒸气转换为液态的相边界）。Q_2 上方的水合物稳定曲线变得非常陡峭，限定了水合物形成的温度上限。

四相点是天然气水合物形成系统所特有的，每个四相点都处于一个特殊的压力—温度条件。水合物稳定曲线（2–2′ –2″）将四相点连接在一起，这条线上同时存在三相状态。例如，线 2″ 上同时存在液态烃、水合物，线 2 上同时存在冰、水合物、烃蒸气。水合物稳定曲线常称为三相线，此三相线两侧为两相区域。

图 3.10 为甲烷、乙烷、丙烷和异丁烷的 p–T 相图。相图中的压力常用半对数坐标形式表示，这样得到的水合物稳定曲线几乎为直线。根据 Carroll（2009）的研究结果，甲烷、乙烷、丙烷、CO_2 和 H_2S 的形成条件分别在表 3.4 至表 3.8 中给出。

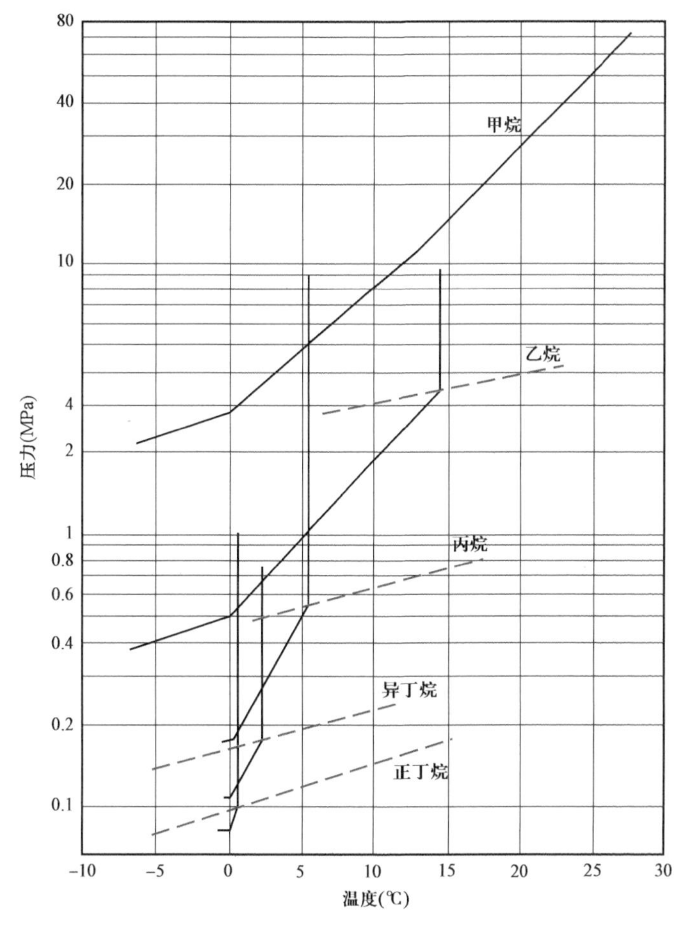

图 3.10　甲烷至丁烷的烃类 p–T 相图

从图 3.10 可以看出，水合物生成曲线在到达第二个四相点之后变得非常陡峭。形成水合物的有效温度上限随客体分子中碳原子个数的增大而降低。例如，纯乙烷水合物的温度上限约为 14℃，而纯丙烷水合物几乎不能存在于约 6℃以上。甲烷和氮气等气体不存在上四相点，因为这些气体已经处于临界点之上了，所以这些气体形成的水合物可存在于更大的温度范围内。

天然气的主要成分是甲烷和一些较重的烃类，还可以包含一些其他成分（例如 CO_2、

H_2S 和 N_2)。这些混合物的相态特征与纯甲烷的 $p-T$ 相图类似。但是，天然气的水合物稳定曲线将根据气体组分的不同而发生偏移。

表 3.4 甲烷水合物的形成条件（据 Carroll，2009）

温度（℃）	压力（MPa）	相态	组成成分的摩尔分数（%）		
			水相	蒸气相	水合物相
0	2.6	L_A-H-V	0.1	0.027	14.1
2.5	3.31	L_A-H-V	0.12	0.026	14.2
5	4.26	L_A-H-V	0.14	0.026	14.3
7.5	5.53	L_A-H-V	0.16	0.025	14.4
10	7.25	L_A-H-V	0.18	0.024	14.4
12.5	9.59	L_A-H-V	0.21	0.024	14.5
15	12.79	L_A-H-V	0.24	0.025	14.5
17.5	17.22	L_A-H-V	0.27	0.025	14.5
20	23.4	L_A-H-V	0.3	0.027	14.6
22.5	32	L_A-H-V	0.34	0.028	14.6
25	44.1	L_A-H-V	0.37	0.029	14.7
27.5	61.3	L_A-H-V	0.41	0.029	14.7
30	85.9	L_A-H-V	0.45	0.029	14.7

注：液相（L_A）和水合物相（H）的组成为“客体”（CH_4）的摩尔分数，蒸气相（V）的组成为水的摩尔分数。

表 3.5 乙烷水合物的形成条件（据 Carroll，2009）

温度（℃）	压力（MPa）	相态	组成成分的摩尔分数（%）		
			水相	蒸气相	水合物相
0	0.53	L_A-H-V	0.037	0.126	11.5
2	0.61	L_A-H-V	0.041	0.117	11.5
4	0.77	L_A-H-V	0.047	0.107	11.5
6	0.99	L_A-H-V	0.054	0.096	11.5
8	1.28	L_A-H-V	0.062	0.086	11.5
10	1.68	L_A-H-V	0.072	0.075	11.5
12	2.23	L_A-H-V	0.083	0.065	11.5

续表

温度（℃）	压力（MPa）	相态	组成成分的摩尔分数（%）		
			水相	蒸气相	水合物相
14	3.1	L_A–H–V	0.096	0.052	11.5
14.6	3.39	L_A–L_H–V–H	0.098	0.049–V 0.025–L_H	11.5
15	4.35	L_A–L_H–H	0.098	0.025	11.5
16	10.7	L_A–L_H–H	0.103	0.023	11.5
16.7	15	L_A–L_H–H	0.105	0.022	11.5
17.5	20	L_A–L_H–H	0.106	0.022	11.5

注：液相（L_A）和水合物相（H）的组成为“客体”（C_2H_6）的摩尔分数，蒸气相（V）的组成为水的摩尔分数，L_H 表示富含 C_2H_6 的液相。

表 3.6　丙烷水合物的形成条件（据 Carroll，2009）

温度（℃）	压力（MPa）	相态	组成成分的摩尔分数（%）		
			水相	蒸气相	水合物相
0	0.17	L_A–H–V	0.012	0.36	5.55
1	0.21	L_A–H–V	0.014	0.31	5.55
2	0.26	L_A–H–V	0.017	0.27	5.55
3	0.32	L_A–H–V	0.019	0.23	5.55
4	0.41	L_A–H–V	0.023	0.19	5.55
5	0.51	L_A–H–V	0.027	0.17	5.55
5.6	0.55	L_A–L_H–V–H	0.028	0.158–V 0.0094–L_H	5.55
5.6	1	L_A–L_H–H	0.028	0.0093	5.55
5.6	5	L_A–L_H–H	0.028	0.0088	5.55
5.7	10	L_A–L_H–H	0.028	0.0083	5.55
5.7	15	L_A–L_H–H	0.028	0.0079	5.55
5.7	20	L_A–L_H–H	0.028	0.0074	5.55

注：液相（L_A）和水合物相（H）的组成为“客体”（C_3H_8）的摩尔分数，蒸气相（V）的组成为水的摩尔分数，L_H 表示富含 C_3H_8 的液相。

表 3.7 CO_2 水合物的形成条件（据 Carroll，2009）

温度（℃）	压力（MPa）	相态	组成成分的摩尔分数（%）		
			水相	蒸气相	水合物相
0	1.27	L_A–H–V	1.46	0.058	13.8
2	1.52	L_A–H–V	1.67	0.056	13.9
4	1.94	L_A–H–V	1.92	0.053	13.9
6	2.51	L_A–H–V	2.21	0.051	14.1
8	3.3	L_A–H–V	2.54	0.049	14.2
9.8	4.5	L_A–L_C–V–H	2.93	0.051–V 0.21–L_C	14.2
10	7.5	L_A–L_C–H	2.97	0.22	14.5
10.3	10	L_A–L_C–H	3	0.24	14.7
10.8	15	L_A–L_C–H	3.1	0.25	14.7
11.3	20	L_A–L_C–H	3.1	0.27	14.7

注：液相（L_A）和水合物相（H）的组成为“客体”（CO_2）的摩尔分数，蒸气相（V）的组成为水的摩尔分数，L_C 表示富含 CO_2 的液相。

表 3.8 H_2S 水合物的形成条件（据 Carroll，2009）

温度（℃）	压力（MPa）	相态	组成成分的摩尔分数（%）		
			水相	蒸气相	水合物相
0	0.1	L_A–H–V	0.37	0.62	14.2
5	0.17	L_A–H–V	0.52	0.54	14.3
10	0.28	L_A–H–V	0.74	0.46	14.4
15	0.47	L_A–H–V	1.08	0.38	14.5
20	0.8	L_A–H–V	1.58	0.32	14.6
25	1.33	L_A–H–V	2.28	0.28	14.6
27.5	1.79	L_A–H–V	2.84	0.25	14.7
29.4	2.24	L_A–L_S–V–H	3.35	0.24–V 1.62–L_S	14.7
30	8.41	L_A–L_S–H	3.48	1.69	14.7
31	19.49	L_A–L_S–H	3.46	1.77	14.7
32	30.57	L_A–L_S–H	3.41	1.83	14.7
33	41.65	L_A–L_S–H	3.36	1.88	14.7

注：液相（L_A）和水合物相（H）的组成为“客体”（H_2S）的摩尔分数，蒸气相（V）的组成为水的摩尔分数，L_S 表示富含 H_2S 的液相。

如果重烃含量足以形成液态烃相，其相态特征将变得更加复杂。图 3.11 为存在液态烃时的修正 p–T 相图。因为混合物中的不同化合物具有不同的蒸气压，三相线（图 3.9 中的 2″）变宽成为一个三相区域（图 3.11 中的 C–F–K–C），上四相点（Q_2）变为此区域内的一条四相线（K–C）。

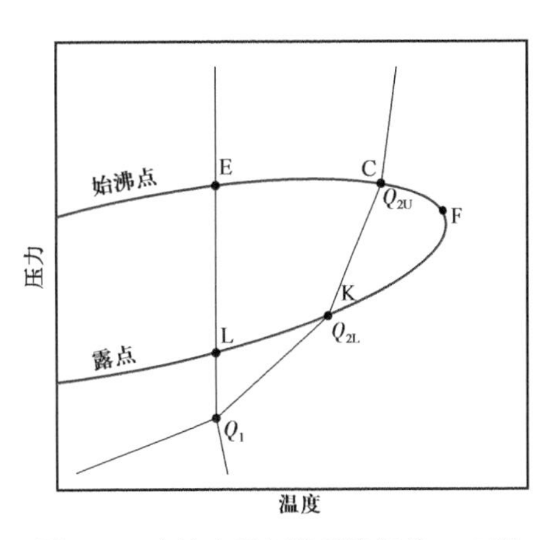

图 3.11　含液态烃相的天然气的 p–T 图（据 Sloan，Koh，2008）

天然气体烃类不溶于水，而 CO_2 具有很大的水溶性［$CO_2+H_2O \longrightarrow CO_2(aq)+HCO_3^-+H^+$］。已有人建议在深海中将 CO_2 直接以液态或水合物形式处理，但却面临着液态 CO_2 和 CO_2 水合物会溶解于非饱和海水的问题（Brewer et al.，1999；Gabitto，Tsouris，2006；Rehder et al.，2004；Teng et al.，2001）。

二元 CO_2–H_2O 体系的 p–T 相图如图 3.12 所示。图中有两个四相点：Q_1（−1 ℃，10.42bar）和 Q_2（10℃，47.13bar）。在 Q_2 上方的区域内，CO_2 能以液态形式存在，此时水合物稳定线快速升高，限定了水合物稳定温度界限。

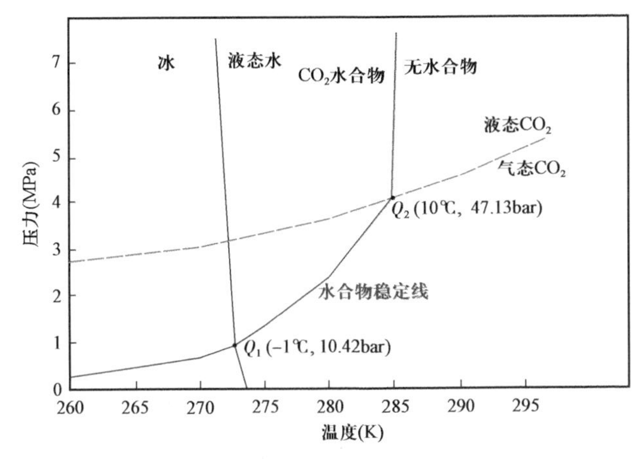

图 3.12　CO_2 和水的二元体系的 p–T 相图

3.5.2　成分相图

双组分（水合物客体 + 水）体系的相图具有与混合物成分相关的第三个维度。相图给出了水合物的稳定条件和存在的相态，却不能给出这些相态的具体组分信息。为了获得组分信息，可在恒定温度处做切片得到压力—成分（p–x）相图、或在恒定压力处做切片得到温度—成分（T–x）相图。图 3.13 为甲烷水合物的一个实例，构建了 4.8MPa 压力下的 T–x 相图（Sloan，Koh，2008）。为了便于阅读，该相图未按比例尺绘制。

在甲烷 + 水的 T–x 相图上有三个单一相态区域：上方蒸气区、左侧液态水区和水合物区。注意，如果温度发生变化，水合物组分也会有轻微变化。这是由于水合物为非化学计量的，水合物指数可随实验条件而改变。

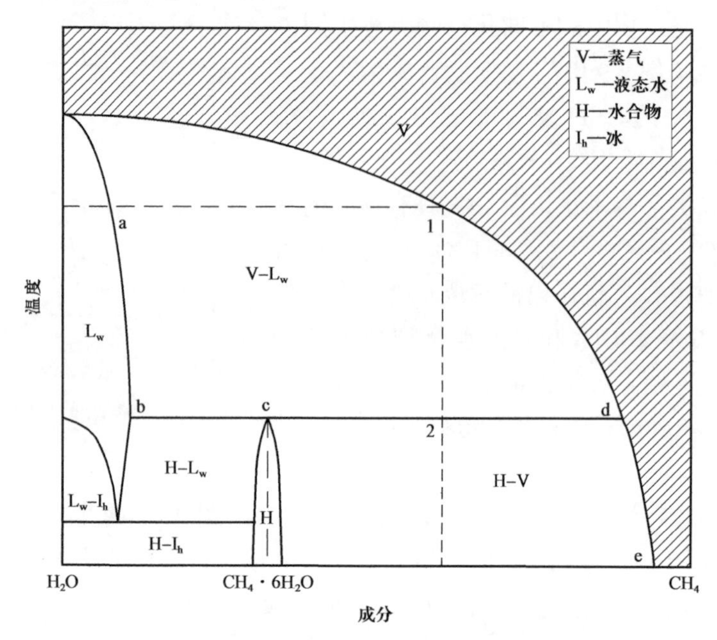

图 3.13　4.8MPa 压力下的甲烷和水的 T–x 相图（据 Sloan，Koh，2008）

如果以 4.8MPa 下的热蒸气和 50%（摩尔分数）甲烷的混合物作为初始状态，随着系统冷却，蒸气在图 3.13 中位置 1 处将开始凝结。该点为上述混合物的露点。凝结的是含有少量甲烷的液态水（a 点处的组分）。虽然从图上看来甲烷含量好像很高，但注意该图不是按比例尺绘制的，实际上水中的甲烷含量小于 0.1%。如果继续将系统冷却，将到达三相水合物稳定线上的位置 2［相态组分可根据 c 点（L_w）、b 点（H）和 d 点（V）确定］。如果再继续冷却，系统将继续保持在三相温度范围内直到所有液态水都被消耗完毕。从这时起，系统进入水合物和蒸气的两相区域。这是因为系统中的气体含量大于水。如果开始时所给的甲烷含量处于 b 点和 c 点之间，则首先消耗掉的将是蒸气相，此时进入的就是两相 L_w–H 区。图 3.10 的 p–T 相图表明在三相线左侧存在一个两相区域，根据初始物质组分的不同，该区域可以是 H–V 也可以是 L_w–H。想要确定到底是哪一种相态，需要组分相图。

该相图证实，在 d 点和 e 点之间，水合物可在不含液态水相的条件下直接从蒸气相生成。水蒸气可直接形成水合物这一结论对于天然气运输来说非常重要，还可以帮助确定彻底预防生成水合物所需的脱水程度。

3.6　水合物生成动力学

为了更好地认识天然气水合物，需要研究如何在实验室内制备天然气水合物。实验室内合成水合物的研究对于深入理解其特征和基本特性来说非常重要，这些研究包括水合物在各种环境条件下、含有或不含添加剂时的生成和分解动力学。

水合物可由水（或冰）与客体分子（例如 CH_4 和 CO_2）在适当的压力下生成，这可以利用如图 3.14 所示的压力容器（或反应釜）来实现。这样的反应釜可以耐几十巴的压力，并配有冷却装置，通过循环冷却剂来控制反应釜温度。

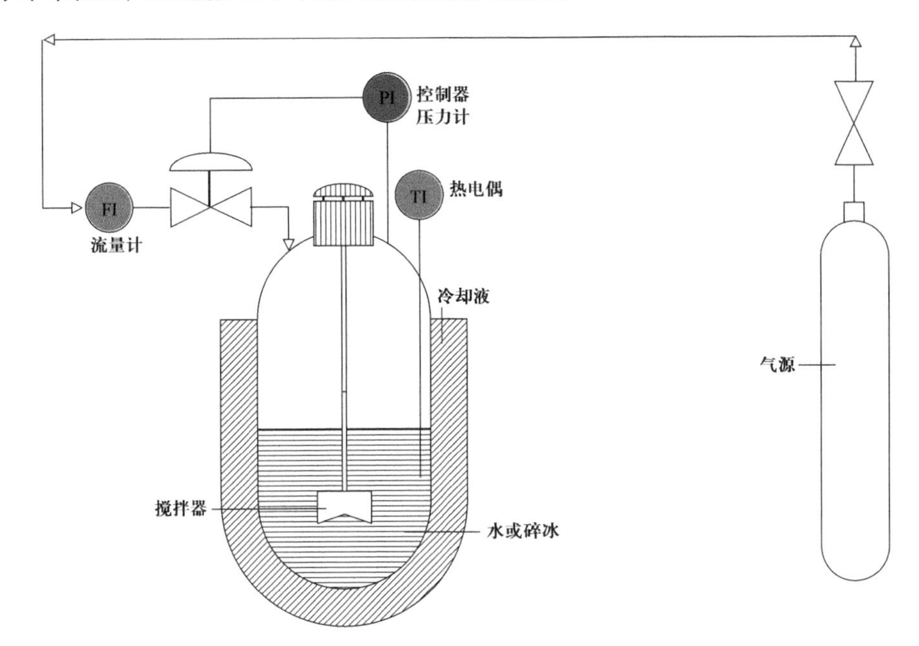

图 3.14 水合物研究的常用实验装置

如果选用液态水来制备水合物，使用搅拌器（例如混合棒）可缩短水合物形成时间。因为水合物形成过程中存在亚稳态，水合物的形成减少了水和客体气体分子之间的接触。也可使用诸如摇摆反应装置等其他方法。

如果选用冰来制备水合物，冰应以粉末的形式加入，以增大与水合物客体的接触面积。通过增加观察窗或光纤摄像机能够实现水合物生成和分解过程的可视化。可视化并不是必需的，压力和温度测量可提供足够的数据来计算水合物生成速率和程度。由于水合物倾向于聚集浓缩气体，水合物形成时可观察到一个很大的压降。此外，水合物的形成是一个放热过程，会引起反应釜内的温度升高。

典型的实验过程为：首先向反应釜内注入一定量的水，利用客体气体将反应釜内上部空间原有的气体排空。接着将温度降至水合物稳定温度以下，实际上，需要将温度降至水合物稳定温度之下 4～6℃（过冷度），并引入搅拌才能使水合物开始成核并增长。

图 3.15 为甲烷水合物形成过程中的典型压力和温度响应。初始压力为 5MPa，开始向 2℃降温。在此压力下，这一温度比水合物稳定温度低大约 5℃。压力首次下降（降至约 4.2MPa）的原因是气体温度的降低（初始为 25℃），还有一些甲烷溶解于水中使其达到饱和。水合物的成核与形成开始于 2.5h，此时压力快速下降。水合物生成反应是放热的，所以温度出现一个升高过程。在接下来的 15h 中，压力继续下降至 2.5MPa 左右。总体压降（约 1.7MPa）与生成水合物的甲烷量直接相关，用于计算总体水合物生成量。基于最初

注入的水量，可确定有多少水已经转变成了水合物。反应过程中的温度始终保持在 0℃以上，防止结冰。

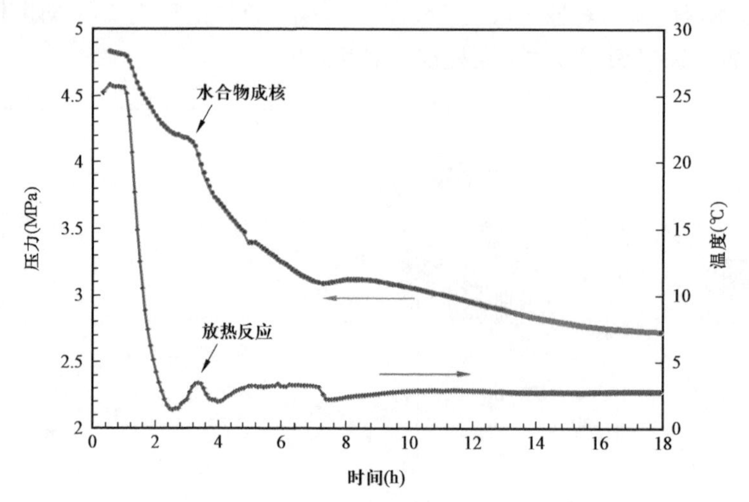

图 3.15　甲烷水合物形成时的典型实验读数（RC-1 反应釜，罗马大学水合物实验室）

图 3.16 为丙烷水合物生成实验的相同过程。值得注意的是，水合物成核之前经历了相对较长（18h）的诱导时间。丙烷形成水合物时的压力低于甲烷（图 3.10），冰点和第二个四相点之间的温度窗口很小。这限制了将温度降至水合物稳定温度之下的过冷度范围，使丙烷水合物的合成实验更加困难（Giavarini，Maccioni，Santarelli，2003）。由于反应釜里的气体与液态水无法充分接触，因此水转化为水合物的转化率有限（30%～70%）。目前有许多增加总体转化率的方法。为了增加水和客体气体的接触面积，可利用喷雾嘴在一定压力下以微滴的形式将水注入反应釜。利用喷雾嘴注水法可以获得非常高的转化率，形成的水合物通常为柔软的颗粒（图 3.17）；而利用搅拌反应器形成的水合物通常较为致密。

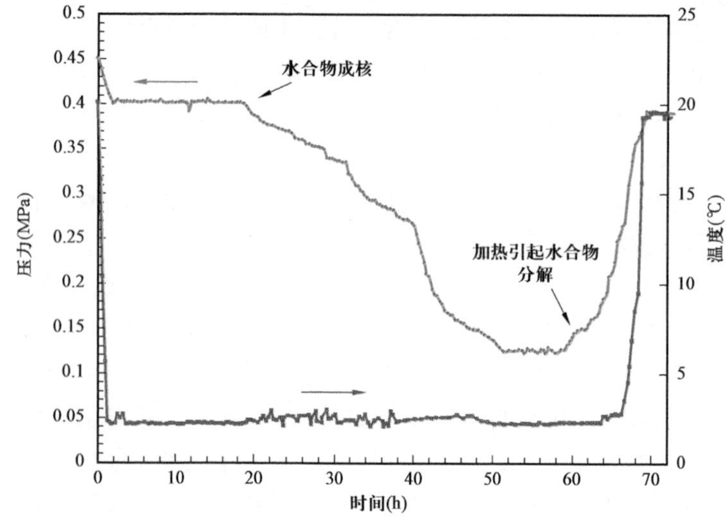

图 3.16　丙烷水合物生成过程图（RC-1 反应釜，罗马大学水合物实验室）

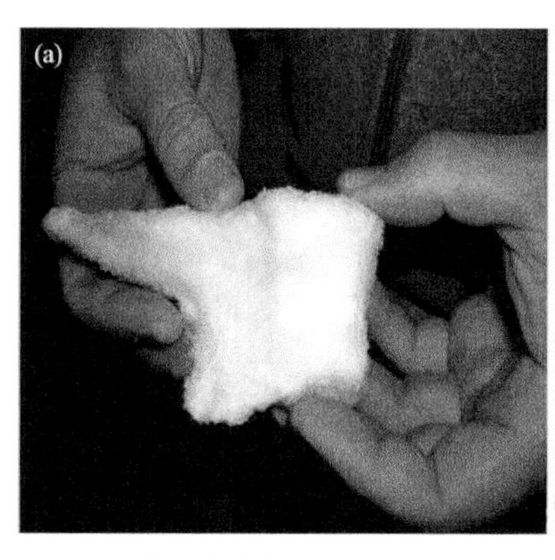

图 3.17　致密水合物（a）（图片来源：X. Zhang）和利用喷雾嘴生成的颗粒水合物（b）
（罗马大学水合物实验室）

使用细粒度的冰粒也能增加接触面积。研究显示，水合物生成率和收益率与冰粒尺寸直接相关。比表面积随着冰粒尺寸的缩小而增大，能获得更快、更完全的转换。人们确定了 271～272K 下水合物生成率与冰粒尺寸的关系（Komai et al.，2002）。在冰点以下生成水合物可以获得更好的过冷效果，当客体为甲烷时，水合物的生成几乎立刻开始（Giavarini，Maccioni，Santarelli，2003）。其他提高液态水转化率的技术还包括在水表面添加少量活性剂。

上述搅拌反应釜实验是等容的，实验过程中体积恒定不变。此外还可以进行等压或恒压实验。此类实验中，利用气体消耗速度和消耗量（而非压降）计算水合物生成和转化率。

由于存在亚稳态，通常无法利用上述水合物生成实验来准确计算水合物生成曲线。水合物生成曲线（称为滞后回线）是根据如图 3.18 所示的实验方法确定的。从 A 点开始对等容系统（此处为甲烷 + 水）降温，至 B 点时水合物开始生成。在 C 点水合物生成结束，这时以步进的方式对系统缓慢加热，直到 D 点水合物开始分解。随着水合物的分解，气体被释放，压力开始增加，最终回到初始曲线上的 E 点结束。该交叉点是 p–T 相图三相水合物稳定线上的一点。进行这类实验时必须十分小心，因为加热过快会人为升高水合物稳定温度。

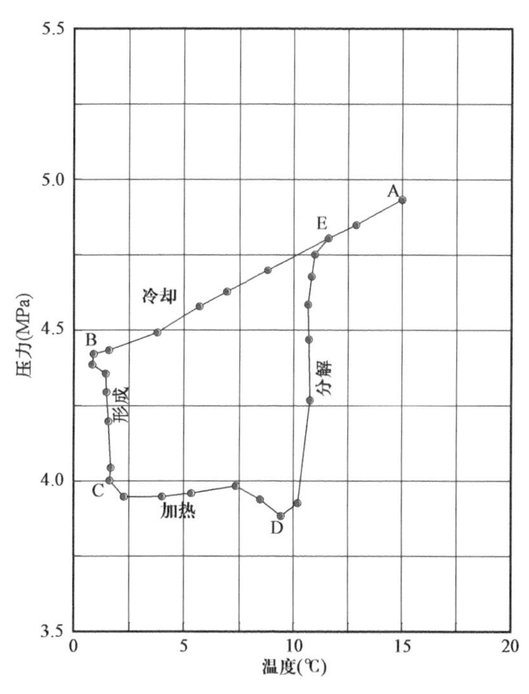

图 3.18 利用等容降温和缓慢加热法确定水合物实际稳定条件

3.7 抑制剂和多种水合物组分的影响

水合物在海洋沉积物中大量存在。与绝大多数实验室研究不同，海洋水合物周围的水中含有以氯化钠为主的盐类。盐类作为热力学水合物抑制剂，会降低给定压力下的水合物稳定温度，其作用与冬天在冰上撒盐可以使冰融化相似。盐类降低冰的稳定温度的方式与水合物相似，在准确预测水合物生成条件时必须考虑此影响。盐类的影响如图 3.19 所示。将甲醇和乙二醇等化合物添加在水中时也有类似作用。这两种化合物在工业中使用得最为广泛，可使水合物稳定曲线远离工作条件以避免水合物生成。

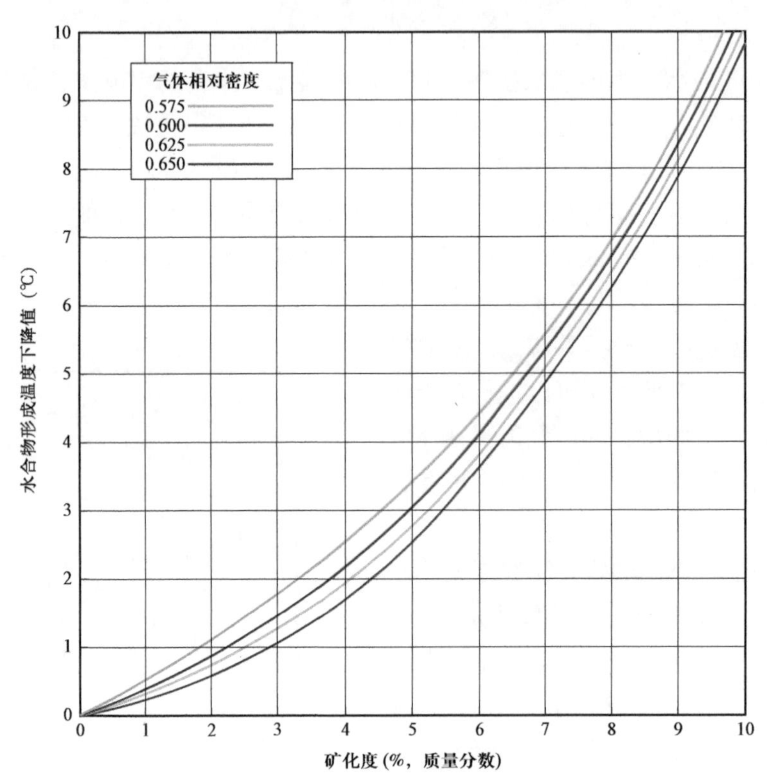

图 3.19 海水对水合物生成的抑制作用（据 Carroll，2009）
随着矿化度的增加，一定压力下的水合物稳定温度有所下降

如上所述，如果气体混合物存在多种客体，预测水合物稳定区域和稳定晶体结构（例如 sⅠ、sⅡ）将变得复杂。对于天然气来说，乙烷、丙烷和丁烷等较重烃类的存在将使其主要生成 sⅡ型水合物。这类分子生成的 sⅡ型结构非常稳定，且只需很少含量就能导致 sⅡ型水合物的生成。我们以甲烷和丙烷系统来说明第二种水合物客体的重要性。在 15℃下，纯甲烷在 12.8MPa（约 1856psi）时形成 sⅠ型水合物。如果加入 1% 的丙烷，sⅡ将成为稳定结构，稳定压力急剧下降约 40% 至 7.7MPa（约 1117psi）。虽然这两种气体在纯净时生成的都是 sⅠ型水合物，其混合物却生成 sⅡ型水合物。有趣的是，van der Walls 和

Platteeuw 在其原创论文中就曾预测出这类行为（van der Waals，Platteeuw，1959）。

这类混合物还存在共沸现象，例如：丙烷—H_2S、甲烷—乙烯、甲烷—乙烷、甲烷—丙烷等。这种共沸混合物的存在使水合物和蒸气相具有相同组分的一个状态点（图 3.20）。这种客体混合物形成的水合物相比单种化合物形成的水合物更加稳定。水合物稳定性的协同增强与客体占据水合物晶穴的方式有关。将硫化氢和甲烷混合，可将水合物生成压力降至 0.64bar，而这一数值在单种纯化合物时分别为 1.45bar 和 1.38bar。混合后，丙烷只能占据结构 sⅡ型晶穴，而 H_2S 优先占据小晶穴，二者共同增强了水合物的整体稳定性。

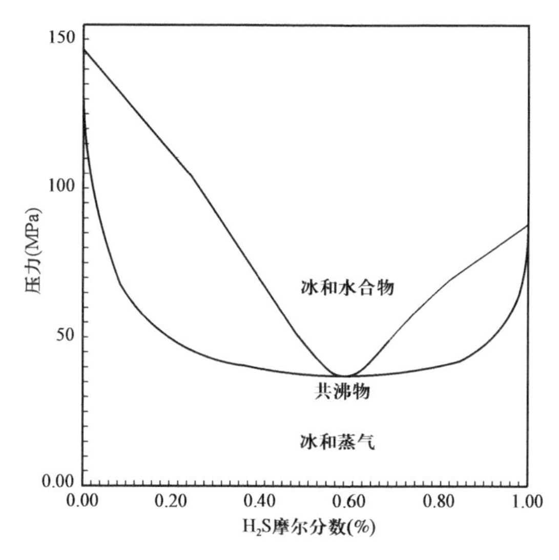

图 3.20 H_2S 和丙烷混合物在 270K 时存在共沸现象

参考文献

Brewer P G，Friederich G，Peltzer E T，et al.，1999. Direct experiments on the ocean disposal of fossil fuel CO_2. Science，284（5416）：943−945.

Carroll J，2009. Natural gas hydrates：A guide for engineers. 2nd ed. Oxford：Gulf−Elsevier.

Circone S，Kirby S H，Stern L A，2005. Direct measurement of methane hydrate composition along the hydrate equilibrium boundary. J Phys Chem B，109（19）：9468−9475.

Gabitto J，Tsouris C，2006. Dissolution mechanisms of CO_2 hydrate droplets in deep seawaters. Energy Conv Manag，47（5）：494−508.

Giavarini C，Maccioni F，Santarelli M L，2003. Formation kinetics of propane hydrates. Ind Eng Chem，42（7）：1517−1521.

Giavarini C，Maccioni F，Santarelli M L，2007. Dissociation rate of THF−methane hydrates. Petrol Sci Tech，26（18）：2147−2158.

Hester K C，Koh C A，Miller K T，et al.，2005. Molecular storage of hydrogen in binary THF/H_2 clathrate hydrate//Proceedings of the international conference on gas hydrates 5，Trondheim，13−16 June，paper 1374.

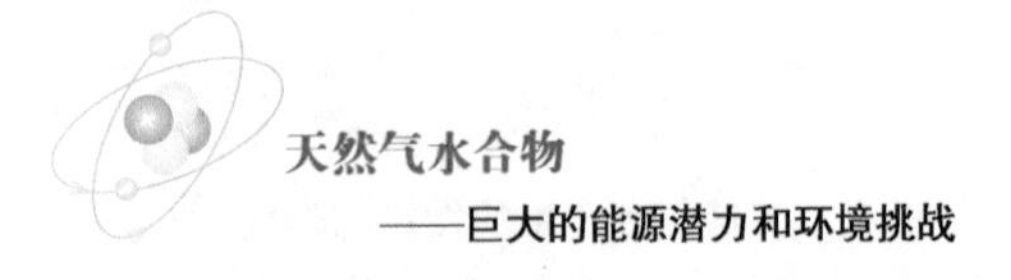

Katz D L, Lee R L, 1990. Natural gas engineering: production and storage. New York: McGraw-Hill Publ Co.

Komai T, Kawamura T, Kang S P, et al., 2002. Formation kinetics of gas hydrates from fine ice crystals// Proceedings of the international conference on gas hydrates 4, Yokohama, 19-23 May: 474-477.

Mao W L, Mao H, Goncharov A F, et al., 2002. Hydrogen clusters in clathrate hydrate. Science, 297: 2247-2249.

Max M D, 2003. Natural gas hydrate in oceanic and permafrost environments. London: Kluwer Academic Publishers.

Pauer F, Kipfstuhl J, Kuhs W F, et al., 1996. Classification of air clathrates found in polar ice sheets. Z Polarforsch, 66: 31-38.

Rehder G, Kirby S H, Durham W B, et al., 2004. Dissolution rates of pure methane hydrate and carbon dioxide hydrate in undersaturated seawater at 1000m depth. Geochem Cosmochem Acta, 68 (2): 285-292.

Ripmeester J A, 2000. Hydrate research-from correlations to a knowledge-based discipline: the importance of structure//Holder G D, Bishnoi P R. Gas hydrates. Annals of the New York Academy of Sciences, 912: 1-16.

Seo Y T, Kang S P, Lee H, 2001. Experimental determination and thermodynamic modeling of methane and nitrogen hydrates in the presence of THF, propylene oxide, 1-4 dioxane and acetone. Fluid Phase Eq, 189 (1-2): 99-110.

Sloan E D, Koh C A, 2008. Clathrate hydrates of natural gases. 3rd ed. Boca Raton: CRC Press.

Sugahara T, Haag J C, Pinnelli S, et al., 2009. Increasing hydrogen storage capacity using tetrahydrofuran. J Am Chem Soc, 131 (41): 14616-14617.

Teng H, Yamasaki A, Chun M K, et al., 1997. Why does CO_2 hydrate disposed of in the ocean in the hydrate-formation region dissolve in seawater? Energy, 22 (12): 1111-1117.

Udachin K A, Ratcliffe C I, Ripmeester J A, 2002. Single crystal diffraction studies of structure I, II and H hydrates: structure, cage occupancy and composition. J Supramol Chem, 2 (4-5): 405-408.

van der Waals J H, Platteeuw J C, 1959. Clathrate solutions. Adv Chem Phys. doi: 10.1002/ 9780470143483. ch1.

von Stackelberg M, 1949. Feste gas hydrate. Naturwissenschaften, 36 (11): 327-359.

第四章　水合物生成条件和生成率的预测方法

4.1　水合物生成条件的预测方法

油气储存和运输过程中存在水合物堵塞管道的危险，所以预测水合物的形成条件（特定气体混合物所需的温度和压力）对油气工业来说非常重要。发展开采水合物中天然气资源的方法，必须从了解水合物的稳定条件开始。

水合物稳定条件的预测经历了多年的发展。本节首先回顾相对快速和简洁的手动计算法，再介绍图形和列线图方法，最后介绍基于严格热力学模型的最新计算机方法。

4.1.1　手动计算法

水合物稳定性的手动计算法主要由 Katz 及其同事在 19 世纪 40 年代发展起来。在计算机出现之前，这些相对简单的方法是初次预测水合物稳定性时的有力工具，其计算结果通常十分准确（Wilcox，Carson，Katz，1949）。

最为流行和广泛应用的两种手动计算法为气体密度法和 k 值法。气体密度法只基于天然气的密度进行计算，将代表不同密度的天然气的稳定曲线画在类似于第三章中的 $p-T$ 相图上（图 4.1）。密度以相对空气密度的形式给出，可利用实验测量或将气体摩尔质量（例如 CH_4 为 16.04g/mol）除以空气摩尔质量（28.966g/mol）得到。

第二种方法基于计算 k 值。k 值定义为每种组分中分别处于蒸气相和水合物相的物质摩尔分数之比。如果 k 值为 1，该组分不倾向于形成任何相态。如果 k 值小于 1，该组分优先形成水合物相，而非蒸气相，反之亦然。Carroll（2009）、Sloan 和 Koh（2008）给出了关于 k 值法的详细解释和大量 k 值图。

Ballie 和 Wichert（1987）发展了一种更复杂的列线图方法，适用于相对密度为 0.6～1.0 的气体。这种方法允许丙烷中存在硫化氢，是其相对上述其他方法的一个优势。列线图（图 4.2）的使用方法并不直观，因此这里给出利用列线图计算特定气体混合物的稳定温度的步骤。

（1）在图中找到气体混合物的密度和期望压力。

（2）从所选压力开始向右移动，直至与硫化氢浓度曲线相交（必要时可外推）。

（3）垂直向下直至遇到一条密度曲线。

（4）沿此线移动直至遇到气体混合物密度。

（5）垂直向下移动来确定给定密度和压力条件下的基准温度。

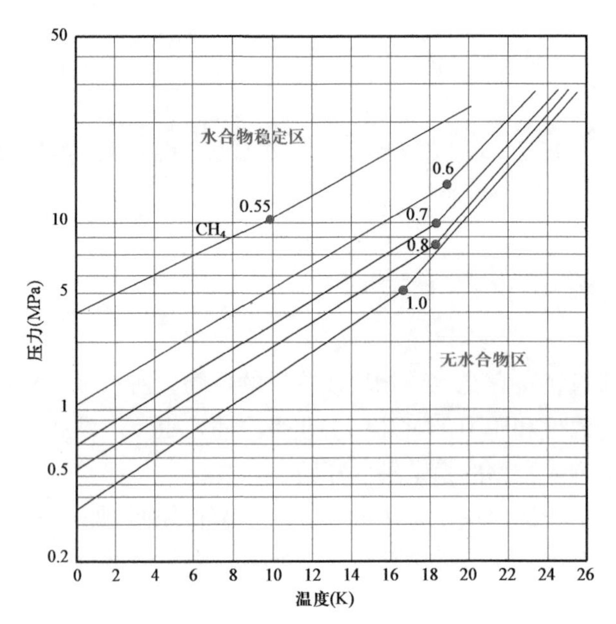

图 4.1 无硫天然气水合物的生成条件随相对密度（相对于空气）变化的关系（据 Carroll，2009）

上方曲线对应相对密度为 0.55 的天然气，其他曲线对应其他气体密度

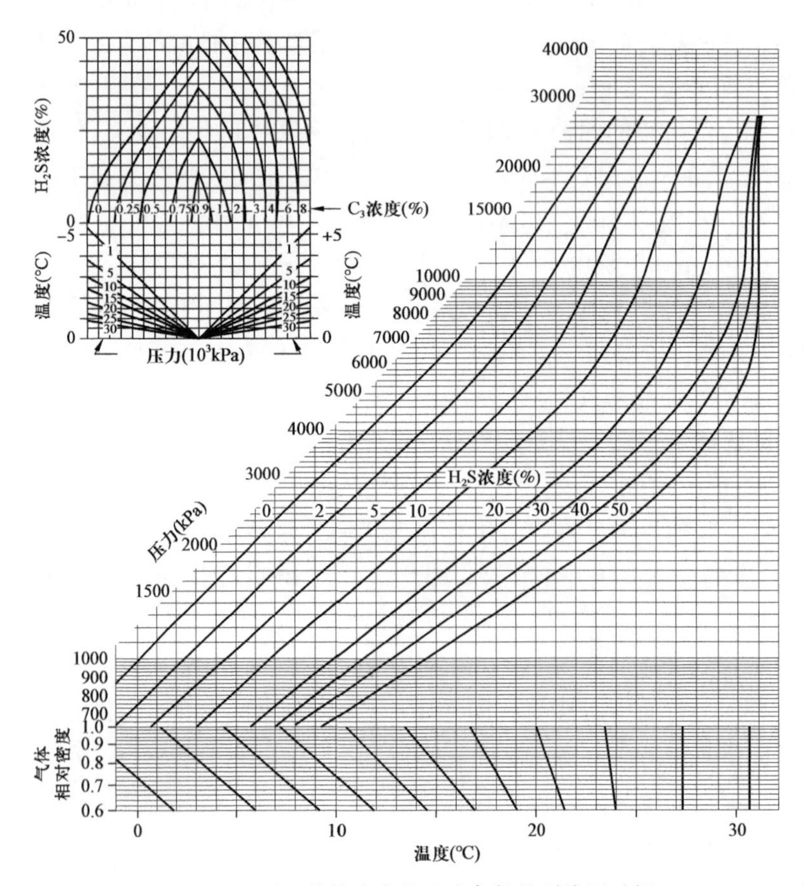

图 4.2 Baillie 和 Wichert 用于估算水合物生成条件的列线图（据 Carroll，2009）

（6）利用左侧的小图，在上方图中找到混合物中的 H_2S 浓度，水平移动直至遇到混合物中的甲烷浓度。

（7）垂直向下移动至下方图中，直至与期望压力线相交。如果这时处于下方图中的左半部，则按（8a）继续；如果这时处于下方图中的右半部，则按（8b）继续。

（8a）在左侧坐标轴上读出温度校正值，并在第（5）步得到的基本温度值中将其减去。

（8b）在左侧坐标轴上读出温度校正值，并在第（5）步得到的基本温度值中将其加上。

只要已知气体密度，就可采用类似方法计算给定温度条件下的压力。上述所有方法都未明确考虑水合物晶体结构（例如 sⅠ和 sⅡ）。事实上，在稳定条件下，sⅠ和 sⅡ结构之间可能会发生转换。虽然如此，这些方法的计算结果依然相对准确（误差为 15%～20%），尤其对于不含 H_2S 的无硫天然气混合物更为有效。这些手动计算法均是基于特定气体混合物建立的，扩展到其他气体混合物时的准确度会大大下降。

4.1.2　基于计算机的热力学模型

目前，手动计算法仍常常用于获得一级近似。然而现在有很多软件包提供基于严格热力学模型的相平衡计算，使用起来也相对简便。这些软件包的计算基础通常为化学势和吉布斯（Gibbs）自由能的最小化。吉布斯自由能的最小值不但可以确定哪个相态（包括水合物）是稳定的，还能确定形成水合物的具体结构（例如 sⅠ、sⅡ和 sH），甚至允许同时存在多种水合物结构。

从动力学角度来说，水合物相的化学势可通过两个步骤计算得到。第一步，利用纯水生成一个假想的空的水合物晶格（或晶体）；第二步，以客体分子填充上述晶穴。

纯水（α）⟶空晶格（β）⟶填充晶格（H）

其化学势的变化可根据下式计算：

$$\mu^{H}-\mu^{\alpha}=(\mu^{\beta}-\mu^{\alpha})+(\mu^{H}-\mu^{\beta}) \tag{4.1}$$

式（4.1）中，右侧第一项为来自主体水分子的自由能贡献，表示水从液态（或冰）到假想的空晶格的变化。这个变化可利用传统热力学方法计算（Pedersen，Fredenslung，Thomassen，1989；Solan，Koh，2008）。第二项表示由客体分子贡献的自由能和晶格稳定性。1959 年，van der Waals 和 Platteeuw 基于统计热力学提出用于计算 $\mu^{H}-\mu^{\beta}$ 项的首个模型。该模型是水合物预测中的关键，至今仍被广泛使用。van der Waals 和 Platteeuw 提出的方法将水合物水分子晶穴中的客体看作是吸附在晶格表面的气体分子，形成一种理想的固态溶剂。

van der Waals 和 Platteeuw 公式假设每个晶穴只包含一个客体分子，客体分子间不发生相互作用，且客体分子不使晶穴变形。基于这些假设，式（4.1）中的 $\mu^{H}-\mu^{\beta}$ 项可表示为

$$\mu^{H}-\mu^{\beta}=RT\sum v_i\ln(1-X_i) \tag{4.2}$$

式中，v_i 是单个晶元中的晶穴数量；X_i 是客体分子占据类型为 i 的晶穴的概率函数；X_i 是与晶穴类型、客体分子、压力和温度（间接相关）相关的函数。

X_i 项可表示为：

$$X_i=(c_i p)/(1+c_i p) \tag{4.3}$$

式中，c_i（也称Langmuir常数）是客体分子和晶穴类型的函数。Langmuir常数越大，分子对特定晶穴类型的亲和性越强。

传统计算中，Langmuir常数通常根据经验或实验数据回归得到。研究人员近期发现可利用量子力学方法代替实验测量来获得Langmuir常数（Anderson et al.，2005；Klauda，Sandler，2002）。

van der Waals和Platteeuw的基本模型使预测和研究多种气体及其混合物的相平衡行为成为可能，而无需对每种可能的系统进行实验测量。天然气水合物许多有趣且令人兴奋的特性均是根据这个模型首先预测出来之后再通过实验确定的，例如共沸现象和一些新型水合物结构（sⅠ型水合物的混合物形成sⅡ型水合物）。

石油公司将此模型用于实际工程计算，以准确预测多种气体混合物的水合物热力学条件。Parrish和Prausnitz（1972）首先将此模型扩展用于多组分混合物，他们将式（4.2）中的X_i项替换为所有组分贡献之和：

$$\mu^{H}-\mu^{\beta}=RT\sum_i v_i \ln(1-\sum_k X_{ki}) \tag{4.4}$$

此外，将式（4.3）中的压力项替换为每种组分的逸度：

$$X_{ki}=c_i f_k/(1+\sum_j c_{ij} f_j) \tag{4.5}$$

式中，f_i是混合气体中每种组分的逸度。逸度可通过求解任意一种状态方程得到，例如Peng和Robinson方程（Peng，Robinson，1976）或Soave-Redlich-Kwong方程（Soave，1992）。基于假设的水合物结构，通过迭代法可求解最小自由能（$\mu^{H}-\mu^{\alpha}=0$）。

随着时间的推移，该模型经历了一定的补充和修改。1977年，Ng和Robinson（1977）修改了式（4.1）使其适用于存在液态烃类（例如油）时的水合物预测。最近还实现了利用吉布斯能量最小化（Gibbs Energy Minimization）技术预测水合物，这种方法无需预知水合物稳定结构。

4.1.3 水合物预测软件包

今天已有许多用于水合物相平衡的软件包。工业中最常用的是MultiFlash（Infochem）和PVTSim（Calsep）。科罗拉多矿业学院开发的CSMGem可在购买Sloan和Koh的专著时附送（Sloan，Koh，2008）。其他程序还有HydraFlash（Heriot-Watt U.）、EQUI-Hydrate（DB Robinson Schlumberger）和Prosim（Bryan Research and Engineering）。这里很难将所有水合物预测软件一一列出，Carroll（2009）给出了最常用软件的对比。

4.2 水合物生成动力学

水合物的形成过程可以分为两个阶段：成核阶段和生长阶段。由过饱和溶液生成的稳定水合物核将引起水合物的增长。过饱和状态与生成首个晶簇之间的时间间隔称为成核时间或诱导时间。

Skovborg 等（1993）将驱动力定义为水在液态相和水合物相两种状态下的化学势差异。成核时间较为随机也很难预测，但人们观察到一个有趣的记忆效应。通过降压或升温使水合物分解后，如果让系统再次达到水合物稳定条件（降温或加压），则水合物的生成只需要很短的成核时间（甚至不需要时间），其原因可能是溶液中仍然含有水合物微晶。如果对系统充分加热（约 40℃）或经过足够长的时间后（Sloan，Koh，2008），则记忆效应消失。

基于客体分子的逸度差（Natarajan，Bishnoi，Kalogerakis，1994）和过冷度（水合物生成温度减去系统温度）（Vysniauscas，Bishnoi，1983）也可以定义驱动力。这三种定义分别对应着系统吉布斯自由能变化的三个特定情况（Sloan，Koh，2008）。因此，生成一个新相态的驱动力是旧相态与新相态之间的化学势差异，这个差异称为过饱和度。

一旦水合物核生长达到关键半径，则后续的水合物核增长与吉布斯自由能下降有关，而且是自发的。如果能量没有移除，则系统温度会因水合物生成的放热过程而偏离水合物稳定温度。热传递对后续的水合物生成来说非常重要，可利用这一点预防管线中的水合物生成。较好的隔热条件可减慢管线达到水合物稳定温度的速度，或阻止后续的水合物生成。

4.2.1　水合物生成动力学模型

Ribeiro 和 Lage（2008）回顾了天然气水合物动力学相关重要文献，他们分析了 14 种模型。事实上，与水合物热力学相比，水合物动力学的研究还不是很透彻。加拿大卡尔加里大学的 Bishnoi 教授研究组在 30 年前就开始了这项研究，并在此领域做出了重要贡献。我们在这里简要地介绍其中几种模型。

4.2.1.1　Englezos 模型

Englezos 模型（Englezos et al.，1987）是最知名和应用最广的水合物动力学模型。根据该模型，水合物的生成分为三步：

（1）客体分子从气 / 液界面扩散到液体中；

（2）客体分子从液体中扩散至水合物 / 溶液界面；

（3）水和客体分子在水合物 / 溶液界面发生反应。

水合物生成的驱动力定义为溶解气的逸度 f 和实验条件下的逸度 f_{ex} 之差。

水合物核的生长速率为：

$$dn/dt=kA\left(f-f_{ex}\right) \tag{4.6}$$

式中，k 为与第（1）步和第（2）步有关的动力学常数；A 为界面面积。

4.2.1.2 Skovborg—Rasmussen 模型

基于 Englezos 模型，Skovborg 和 Rasmussen（1994）假设水合物生成过程中的所有物质转移阻力均来自气体通过气 / 液界面时的扩散，并去掉了 Englezos 等引入的粒数平衡方程，简化了模型。他们的方法如下：

$$\mathrm{d}n/\mathrm{d}t=kA_{g/L}C_{w}(x_{eq}-x_{b}) \tag{4.7}$$

式中，k 是气 / 液界面处的传质系数；x_{eq} 是液体中气体与界面处气体平衡时，液体中的气体摩尔分数；x_b 是液体中气体与水合物相平衡时，液体中的气体摩尔分数；C_w 是初始水浓度。该模型也可用于多组分系统。

4.2.1.3 Herri 模型

在 Englezos 模型提出时，还没有测量颗粒尺寸分布的仪器和技术（例如光散射分析），而与表面积有关的颗粒尺寸却是许多预测模型的关键输入参数。Herri 等（1999）通过对 Jones 等（1992）提出的适用于碳酸钙结晶的模型进行修改，提出了一种新模型，其动态行为用两个微分方程进行描述。Herri 模型是唯一在一个步骤内同时考虑成核与生成过程的模型。

Ribeiro 和 Lage（2005）指出，在满足反应器设计的可靠预测模型出现之前，仍有必要对水合物动力学进行深入研究。另一方面，水合物生成的热力学平衡条件预测结果偏差已小于 10% 或更好。

参考文献

Anderson B J，Bazant M Z，Tester J W，et al.，2005. Application of the cell potential method to predict phase equilibria of multi-component gas hydrate systems. J Phys Chem B，109（16）：8153-8163.

Baillie C，Wichert E，1987. Chart gives hydrate formation temperature for natural gas. Oil Gas J，85（4）：37-39.

Ballard A L，Sloan E D，2002. The next generation of hydrate prediction：an overview. J Supramol Chem，2（4-5）：385-392.

Carroll J，2009. Natural gas hydrates. 2nd ed. Amsterdam：Gulf Professional Publishing-Elsevier.

Englezos P，Kalogerakis N E，Dholabhai P D，et al.，1987. Kinetics of formation of methane and ethane gas hydrates. Chem Eng Sci，42：2647-2658.

Herri J M，Gruy F，Pic J S，et al.，1999. Interest of in situ turbidimetry for the characterization of methane hydrate crystallization：application to the study of kinetic inhibitors. Chem Eng Sci，54（12）：1849-1858.

Jones A G，Hostomasky J，Zhou L，1992. On the effect of liquid mixing rate on primary crystal size during the gas-liquid precipitation of calcium carbonate. Chem Eng Sci，47（13-14）：3817-3824.

Kashchiev D，Firoozabadi A，2002. Nucleation of gas hydrates. J Cryst Growth，243（3-4）：476-489.

Klauda J B，Sandler S I，2002. Ab initio intermolecular potentials for gas hydrates and their predictions. J Phys Chem B，106：5722-5732.

Natarajan V，Bishnoi P R，Kalogerakis K，1994. Induction phenomena in gas hydrate nucleation. Chem Eng Sci，49（13）：2075–2087.

Ng H–J，Robinson D B，1977. The prediction of hydrate formation in condensed systems. AIChE J. doi：10.1002/aic.690230411.

Parrish W R，Prausnitz J M，1972. Dissociation pressure of gas hydrates formed by gas mixtures. Ind Eng Chem Process Dev，11（1）：26–35.

Pedersen K S，Fredenslung A，Thomassen P，1989. Properties of oils and natural gases. Houston：Gulf Publishing Co.

Peng D Y，Robinson D B，1976. A new two–constant equation of state. Ind Eng Chem Fundam，15（1）：59–64.

Ribeiro C P Jr，Lage P C，2008. Modelling of hydrate formation kinetics：state of the art and future directions. Chem Eng Sci，63（8）：2007–2034.

Skovborg P，Rasmussen P，1994. A mass transport limited model for the growth of methane and hydrates. Chem Eng Sci，49：1131–1143.

Skovborg P，Ng H–J，Rasmussen P，et al.，1993. Measurements of induction times for the formation of methane and ethane gas hydrates. Chem Eng Sci，48（3）：445–453.

Sloan E D，Koh C A，2008. Clathrate hydrates of natural gases，3rd ed. Boca Raton：CRC Press.

Soave G，1992. Equilibrium constants from a modified Reidlich–Kwong equation of state. Chem Eng Sci，27（6）：1197–1203.

van der Waals J H，Platteeuw J C，1959. Clathrate solutions. Adv Chem Phys. doi：10.1002/9780470143483.ch1.

Vysniauscas A，Bishnoi P R，1983. Kinetic study of methane hydrate formation. Chem Eng Sci，38（7）：1061–1072.

Wilcox W I，Carson D B，Katz D L，1941. Natural gas hydrates. Ind Eng Chem，33：662–672.

第五章　水合物的物理性质

5.1　简介

可形成水合物的客体分子有几千种。有趣的是，绝大部分客体分子结晶成为 sⅠ 和 sⅡ 型水合物。这些水合物晶体的许多性质与冰相似，但有些方面也存在显著差异。我们将在本章介绍一些用于研究天然气水合物的分析技术以及水合物的主要物理性质。

5.2　水合物的实验室合成

实验室中常用低温高压反应釜生成水合物。根据所要研究的水合物性质的不同，这类反应釜的大小和形状各异，可工作在连续模式或间歇模式下。

为了研究动态流体流动现象，例如输送石油和天然气时在管道中生成水合物，可使用循环管线装置。图 5.1 和图 5.2 为大小和形状不同的两条循环管线。利用循环管线装置可

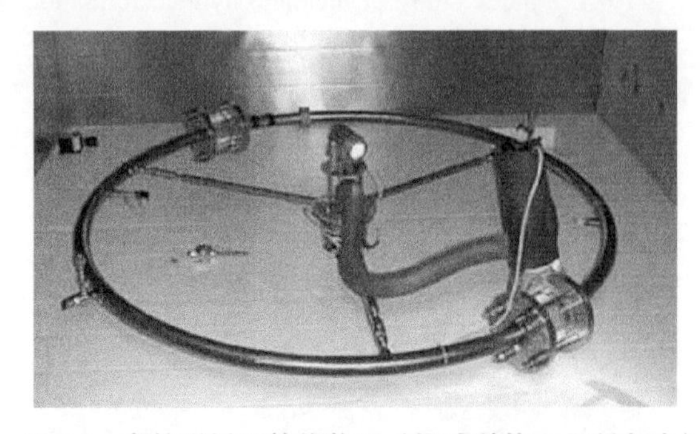

图 5.1　车轮形循环管线装置（挪威科技工业研究院）

图 5.2　长度超过 140m 的大型循环管线装置（Lyre Loop，法国石油研究院，法国里昂）

以进行许多测试，例如在真实流动状态下测试预防水合物生成的添加剂的效果。更多有关循环管线装置的讨论见第七章。

在研究水合物的生成和分解动力学或热力学性质（例如水合物形成时的热量）时，经常使用间歇反应器。这类高压釜型反应器放置在恒温池内，或利用循环冷却液包裹来维持水合物生成时所需的低温条件。在这种反应器上还可以完成多种测量，例如水合物形成过程中的温度、水合物颗粒大小等。图 5.3 至图 5.5 中给出了一些实例，包括大型升级不锈钢反应器（图 5.3）和毫升级微型反应器（图 5.4）。该小型反应器上有一个蓝宝石视窗，可用于观察水合物生长过程，并利用仪器（例如拉曼光谱）进行测量，以获得关于水合物结构和成分的更多信息。图 5.5 为一个中等体积的热量计。这种特殊的反应器能够精确测量热量的微小变化。基于测量需要，有许多种反应器和装置满足和实现各种要求。

图 5.3　实验室内用于生成水合物的高压反应装置（据 Haneda et al.，2005）

图 5.4　配有蓝宝石观察镜的黄铜高压微型反应装置

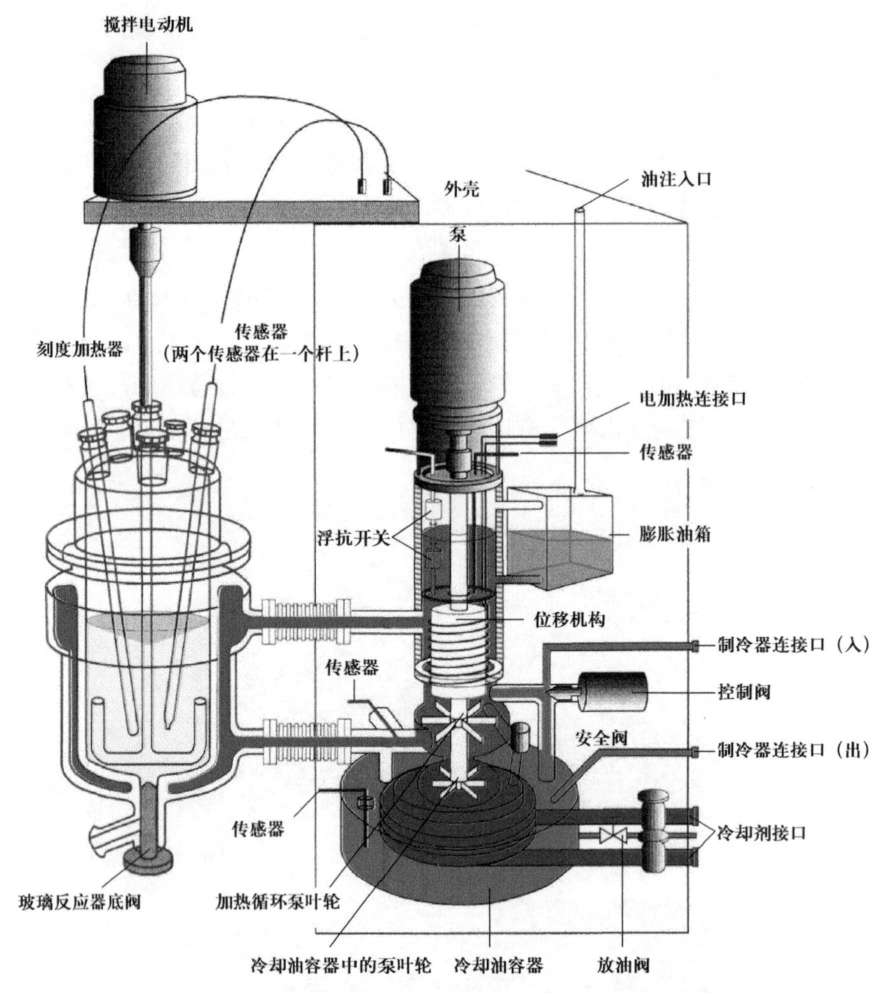

图 5.5　在水合物生成和分解过程中测量热性质的 2L 高压反应热量计（罗马大学水合物实验室）

5.3　水合物分析技术

5.3.1　X 射线射线衍射

首个用于水合物晶体结构研究的技术是 X 射线衍射。利用 X 射线衍射技术确定了水合物的主要结构类型（sⅠ型和 sⅡ型）和晶体空间排布。当 X 射线直接射入晶体样品内部时，相长干涉作用将产生尖锐的布拉格（Bragg）峰。图 5.6 为在冰生成 CO_2 水合物的过程中测得的一系列 X 射线衍射图谱（Takeya，Takeo，Uchida，2000）。图中的特征峰确定了水合物和冰的晶体结构。随时间的变化而逐渐增强的水合物峰（和逐渐减小的冰的峰）可直接与水合物的数量建立联系。

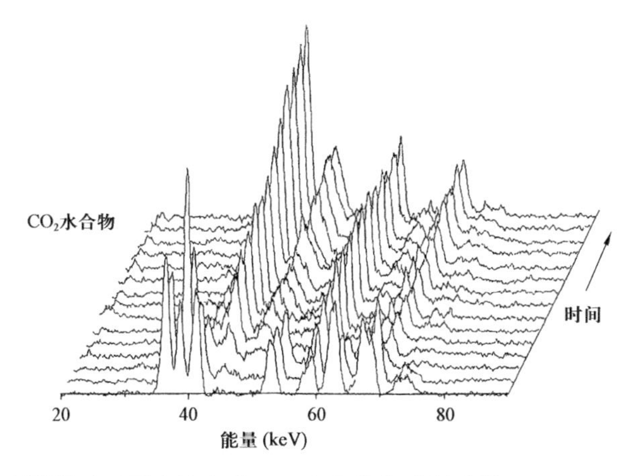

图 5.6　X 射线衍射图谱显示了由冰生成 CO_2 水合物的过程（据 Takeya，Takeo，Uchida，2008）

5.3.2　核磁共振波谱

核磁共振（NMR）波谱是研究天然气水合物化学和物理性质的最有效手段之一。将特定的原子核放入静磁场之中时，它将具有核自旋和吸收电磁辐射的性质（与射频电磁波波长有关）。电磁波吸收频率中包含有原子核所处周围环境的信息。图 5.7 为水合物分解过程中测得的甲烷 ^{13}C 核磁共振波谱，可见甲烷气体峰不断增加，而水合物峰逐渐降低。由于 s Ⅰ 型大晶穴中的甲烷与 s Ⅰ 型小晶穴中的甲烷谱峰有所差异，据此可以确定两种晶穴的相对填充程度（Gupta et al.，2006）。

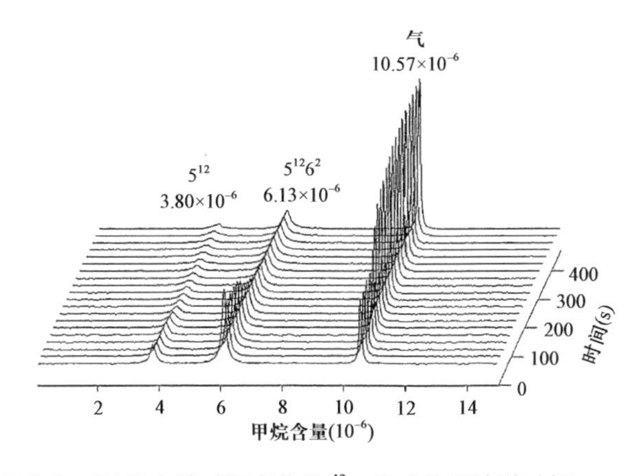

图 5.7　水合物分解过程中随时间变化的 ^{13}C 核磁共振波谱（据 Gupta et al.，2006）

5.3.3　拉曼光谱

拉曼光谱是探测分子环境的一种无损检测技术，可透过高压反应釜（图 5.4）上的蓝宝石视窗来测量高压条件下的水合物。拉曼光谱仪利用激光照射样品。激光光子主要发生弹性散射（能量与激光相同），但一小部分光子由于分子振动的吸收而发生非弹性散射

（能量与激光束存在轻微差异），如图 5.8 所示。由于甲烷的伸缩振动，给定振动吸收的能量（拉曼位移）还受到分子周围环境的影响。气相和水合物晶穴两种条件下，甲烷的能量和峰宽均发生了变化。不同水合物晶穴的甲烷谱峰面积还可用于确定相对晶穴填充程度。

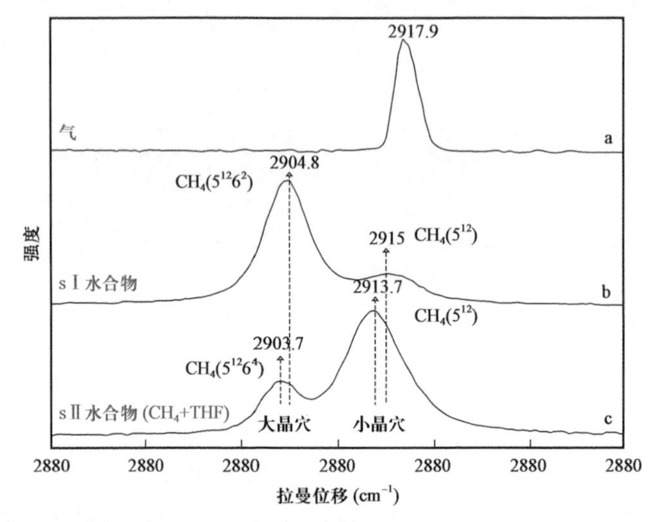

图 5.8 拉曼光谱显示出气相（a）、s Ⅰ 型水合物（b）、s Ⅱ 型水合物（甲烷和 THF 混合水合物）（c）中的甲烷（据 Subramanian et al.，2000）

5.3.4 差示扫描量热法

差示扫描量热法（DSC）是一种热学分析技术，在加热或冷却过程中测量物质的焓（ΔH）随温度变化的规律，还能以恒温模式来监测 ΔH 随时间的变化。DSC 是一种快速多用途检测技术，仅需很少量样品（微克至毫克），而且可以在压力下完成测量。从 1980 年开始，DSC 就一直用于水合物研究（Dalmazzone et al.，2000）。

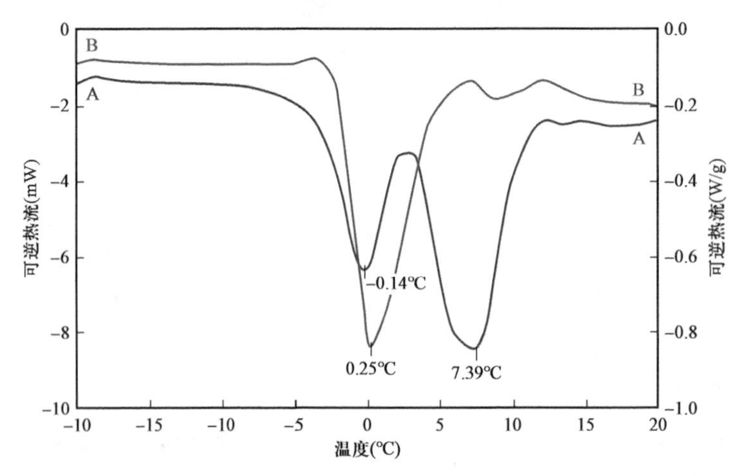

图 5.9 含冰的甲烷水合物的可逆 MDSC 曲线（罗马大学水合物实验室）
A—35% 的水合物和 65% 的冰；B—15% 的水合物和 85% 的冰，冰融化峰靠近 0℃，水合物融化峰靠近 7℃

这项技术的最新方法称为调制差示扫描量热法（MDSC），可获得两条曲线：一条为可逆热力学现象，另一条为不可逆动力学现象。对水合物来说，可逆热力学曲线格外重要，因为传统方法无法观测到这些影响（Giavarini，Maccioni，Santarelli，2003，2006，2008）。图 5.9 为乙烷水合物样品的测量实例，MSDC 可定性识别和定量评价冰的存在。

5.4　水合物的关键物理性质

5.4.1　水合物的密度

密度是水合物最基本也是最有用的性质之一。密度通常通过称量已知体积的物质质量来确定。然而，这种方法对于水合物来说并不容易实施，因为水合物必须在一定的压力条件下才能保持稳定。

密度是一定体积的物质的质量。由于水合物是晶体结构，可基于晶体的晶格尺寸和客体分子晶格占有率来确定其密度。最容易知道的体积是单元晶胞的体积。一个单元水合物晶胞的体积可利用单元晶胞晶格常数来计算。晶格常数与压力、温度和客体分子占有率有关，可用 X 射线或中子衍射测量得到（Sloan，Koh，2008）。12Å 和 17Å 可分别作为 sⅠ和 sⅡ的一级近似值（$1Å=10^{-10}m$）。由于 sⅠ和 sⅡ水合物都是立方体晶格，其体积为晶格常数的三次方。

利用上述体积计算密度（kg/m^3）的公式为

$$\rho_{hydrate}=10^{27}\left[\left(M_{water}N_w+M_{guest}N_{guest}\right)/\left(V_{hydrate}N_A\right)\right] \tag{5.1}$$

式中，M_{water} 为水的摩尔质量，18.02g/mol；N_w 为单个单元晶胞中的水分子数（sⅠ为 46；sⅡ为 136）；MW_{guest} 为客体的摩尔质量，g/mol；N_{guest} 为单个单元晶胞中的客体分子数；$V_{hydrate}$ 为单个单元晶胞的体积（sⅠ为 $12Å^3$，sⅡ为 $17Å^3$），N_A 为阿伏加德罗（Avogadro）常数，$6.022\times10^{23}mol^{-1}$。

通过增加客体项，上述方法可以很容易地扩展用于多组分水合物。水合物的摩尔质量简单地定义为分子（numerator）除以阿伏加德罗常数。表 5.1 中给出了许多种水合物的密度。

表 5.1　不同客体分子水合物的密度

客体分子	晶格结构	摩尔质量（g/mol）	密度（kg/m^3）	密度（lb/ft^3）	密度（mol/L）
甲烷	sⅠ	17.74	911	56.9	51.4
乙烷	sⅠ	19.34	951	59.4	49.1
丙烷	sⅡ	19.46	902	56.3	46.4
异丁烷	sⅡ	20.24	925	57.7	45.7
二氧化碳	sⅠ	21.38	1086	67.8	50.8
硫化氢	sⅠ	20.24	1040	64.9	51.4
冰	Ih	—	917	57.2	50.9

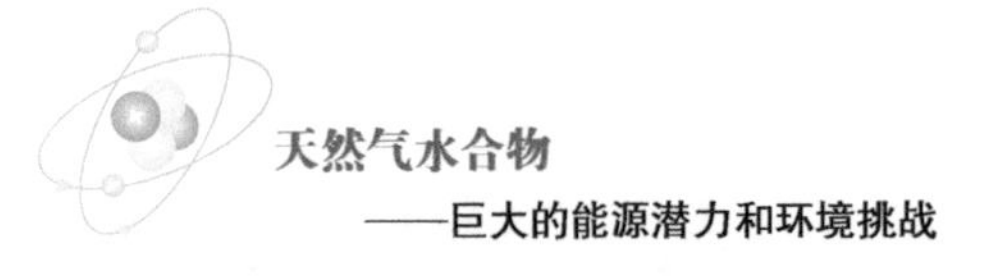

5.4.2 水合物的热性质

5.4.2.1 热容

热容（或比热）是一种有现实意义的热性质，对于水合物能源开发来说非常重要。材料的热容定义为使物体温度变化一定范围而需要的热量。热容和分解热常用热量计（测量热量变化的特殊仪器）测量得到。

关于水合物热容研究的报道十分有限（Sloan，Koh，2008）。水合物的热容随温度的升高而增大，因此应在特定条件下进行测量。在85～270K条件下，甲烷水合物的热容从0.87J/（g·K）线性增加到2.08J/（g·K）(Handa，1986)，这与冰相似。

在冰点以上279～285K条件下，甲烷水合物的热容从2.08J/(g·K）增加到2.28J/(g·K)（Gupta et al.，2007)，约为液态水的一半。

5.4.2.2 热导率

热导率是材料传递热量的速率。水合物的许多性质与冰相似，但水合物的热导率却反常地低，约为冰的1/5。水合物的热导率更接近玻璃，而不像规则的晶体结构（Waite et al.，2005)，其原因是晶穴中的客体分子有效阻断并减缓了水合物中的热量流动。

纯净甲烷水合物的热导率接近液态水，为0.5～0.6W/（m·K）(Gupta et al.，2008；Huang，Fan，2004；Waite et al.，2005)。人们关注水合物热导率是因为它关系到天然气水合物能够产出多少能量，所以水合物热导率的测量常以沉积物中的水合物为研究对象。这样测量到的热导率是多种组分热导率的综合结果。图5.10给出了自由相和沉积物中几种组分的典型热导率值。

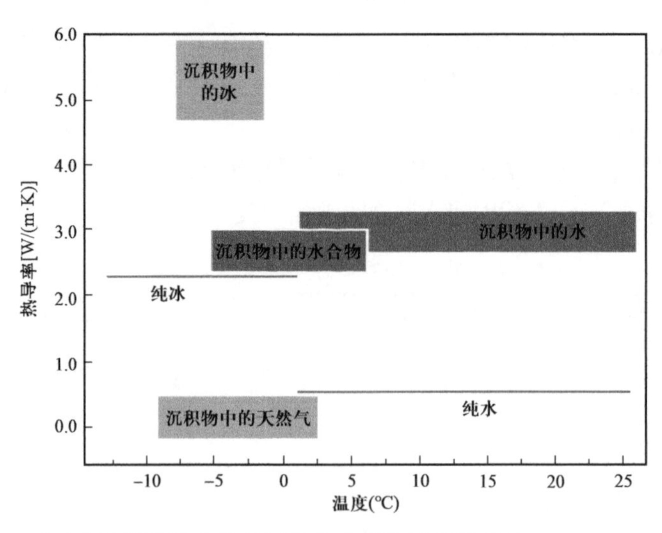

图5.10 自由相和沉积物中几种组分的典型热导率值（据Sloan，Koh，2008）

5.4.2.3 热膨胀系数

多数材料在加热时都会膨胀，其变化程度用热膨胀系数表征。水合物的热膨胀系数与冰不同（图 5.11），原因再次归结为客体分子。Tse 和 White（1988）认为，客体分子会对晶穴壁施加一个很小的内部压力，使主体水分子的氢键轻微减弱。

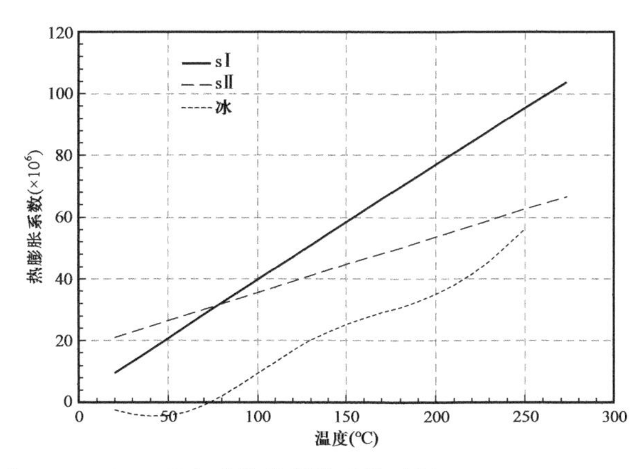

图 5.11　sⅠ、sⅡ和冰的热膨胀系数（据 Hester et al.，2007）

水合物晶格的大小由晶体结构和水合物客体决定。客体分子影响水合物晶格的绝对尺寸，较大的客体对应较大的晶格。但热膨胀系数（或体积随温度变化的速率）主要受晶体结构控制。

5.4.2.4　分解热

分解热（焓）是水合物的一个重要基本性质，反映水和天然气转化为水合物时的能量变化。水合物和冰的形成都是放热过程，会释放热量。水合物的分解是吸热过程，需要能量才能维持分解。

水合物释放（或消耗）热量的多少对于管道流动安全（预防水合物堵塞管道）和天然气水合物产出甲烷具有现实意义。开采水合物中的甲烷时，即使温度在冰点以下，吸热作用也将吸收外界热量，降低周围环境的温度。这时形成的冰会大大影响产气速率。

文献中，水合物分解热通常表示为每摩尔（或克）气体对应的能量。此外，还有一种基于每摩尔水的记法。水合物客体的填充系数随客体类型和环境的不同而不同。但是，单位单元晶胞中的水分子数是恒定的。基于水的表示方法能够更直观地对比水合物客体对分解热的影响。表 5.2 为不同客体分子水合物的分解热。

表 5.2　不同客体分子水合物的分解热（据 Handa，1986）

客体分子	晶格结构	水合指数	ΔH_d（kJ/mol 气）	ΔH_d（kJ/mol 水）
甲烷	sⅠ	6.00	54.2	9.03
乙烷	sⅠ	7.67	71.8	9.36
丙烷	sⅡ	17	129.2	7.60
异丁烷	sⅡ	17	133.2	7.84
冰	Ih	—	—	6.01

利用 Clausius–Clapeyron 方程（Sloan，Fleyfel，1992）预测水合物的分解热可以获得很好的工程近似结果：

$$d(\ln p)/d(1/T)=-\Delta H_d/(zR) \tag{5.2}$$

式中，ΔH_d 为分解热；z 为气体压缩系数；R 为理想气体常数。等号左侧项很容易根据相平衡数据确定。

Clausius–Clapeyron 方程在低压条件下的预测效果很好，但高压条件下对甲烷水合物分解热的预测误差较大（20MPa 时高估约 25%）。为了获得更准确的结果，需要使用 Clapeyron 方程。近期的实验结果证实了 Clapeyron 方程预测结果的准确性，并表明甲烷水合物的分解热在压力达到 20MPa 时仍几乎恒定不变（Anderson，2004；Gupta et al.，2006）。

5.4.3 水合物的机械性质

纯净水合物的强度是冰的 20 倍。在压缩形变实验中，冰（Ih）的变形明显快于纯净甲烷水合物（Durham，Kirby，Stern，2003）。图 5.12 为甲烷水合物和冰对弹性形变的抵抗程度，水合物分别为自由相水合物和石英砂内的水合物两种形态（Durham et al.，2005）。水合物样品的强度始终强于冰，且在沉积物的内聚力作用下显著增强。这对于水合物藏的甲烷开采非常重要。水合物岩心实验表明，水合物岩心内的机械强度随着水合物饱和度的增大而增强（Hyodo et al.，2005；Santamarina，Ruppel，2008）。根据水合物在孔隙空间中生成位置的不同，水合物可为沉积物骨架提供稳定支撑。弄清水合物在孔隙空间中的生成方式以及增强骨架强度的机理，对于评价水合物分解作用及影响来说非常重要。这不但关系到能源生产（第八章），还涉及自然环境变化领域（第十章）。目前，正在利用储层模拟器与地质力学强度计算相结合的数值方法来评价与水合物分解有关的地质力学稳定性（Rutqvist，Moridis，2007）。第六章将讨论水合物在孔隙空间的生成方式。

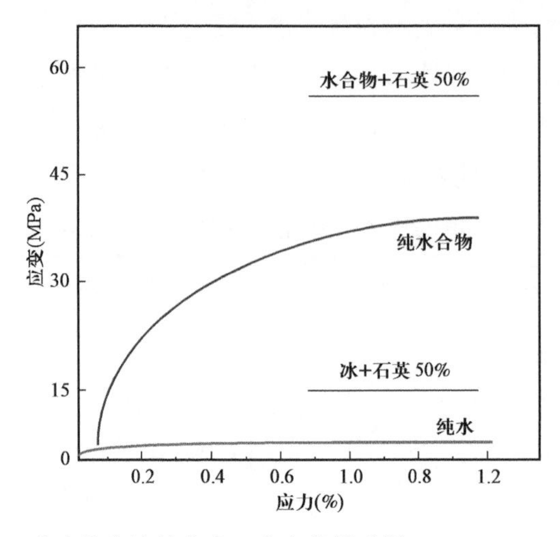

图 5.12　水合物和冰的应力—应变曲线（据 Durham et al.，2005）

5.4.4　水合物的电性质

水合物和冰都是电绝缘体，这一重要性质可用于估算天然水合物储层中的水合物饱和度。如图 5.13 所示，含水沉积物样品的电阻率随着水合物的生成而变大。通过在钻井中和钻井后进行电阻率测量，可以识别和评价水合物储层（高阻区域）。图 5.14 为不同状态下的水和沉积物的典型电阻率值。

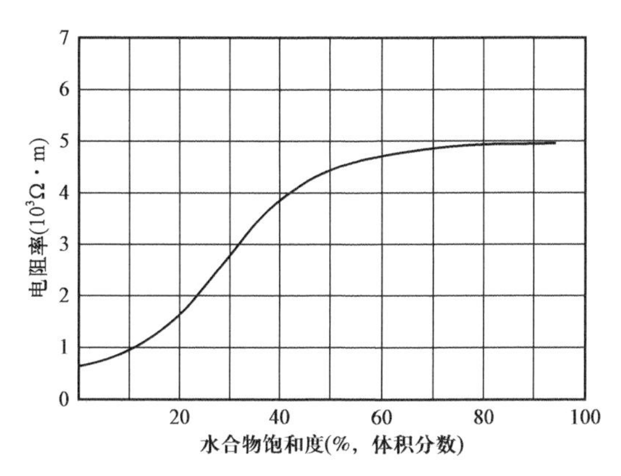

图 5.13　含水沉积物样品的电阻率随水合物饱和度的变化关系（据 Makogon，1997）

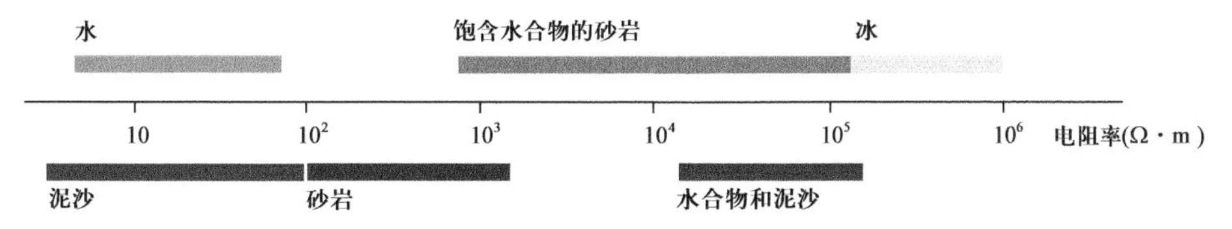

图 5.14　砂岩和泥岩中甲烷水合物的电阻率（据 Makogon，1997）

5.4.5　水合物的形态学

水合物的形态和纹理结构可利用扫描电镜（SEM）等技术实现微观和介观水平上的观测。水合物表面图像可提供关于水合物生成、强度（发现晶体结构缺陷）、水和天然气如何通过水合物运移（水合物孔隙度）等有价值的信息。采用冰粉生成甲烷水合物时，水合物生成位置如图 5.15 所示。图中还给出了甲烷水合物表面的微孔结构。这些微小的孔隙可供气体运移至深部与冰粒接触，进而发生相互反应生成更多水合物。

5.4.6　安全相关性质

水合物的外观与冰相似。在稳定条件下，水合物内部的气体被困在晶笼中，风险极小。水合物分解所释放的气体可用标准安全程序处理。正在分解中的甲烷水合物在靠近火源时不会立即爆炸，而是燃烧产生火焰（图 5.16）。

事实上，美国海军曾在 1999 年的第三届国际天然气水合物大会（美国犹他州盐湖城）上披露过一个项目。该项目设想能否建造一艘特殊的巡洋舰，利用船体外壁存储和运输甲烷水合物。

处理空间受限压力釜中的水合物时必须格外小心。水合物在形成时凝聚大量气体，而分解时释放的气体则会使釜内压力快速增大，造成反应釜破裂和失效。

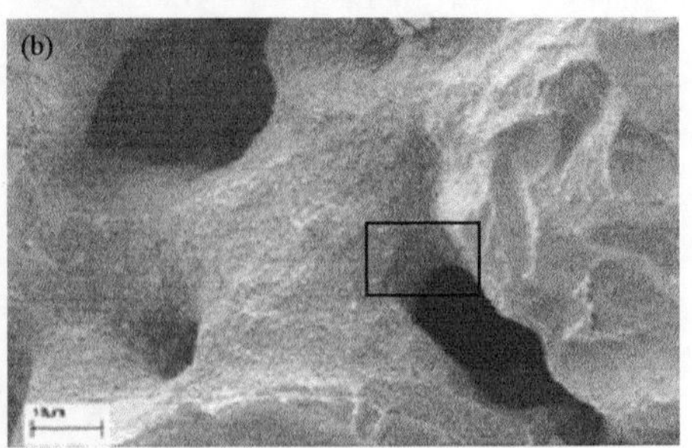

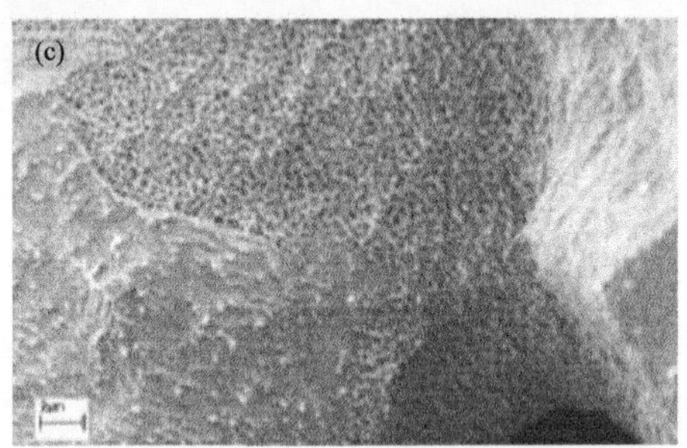

图 5.15　SEM 图像（据 Staykova et al.，2003）
（a）水合物形成前的冰；（b）水合物生成 55 小时后，完全包裹着冰粒的水合物固结在一起；
（c）将（b）图中方框区域放大后显示出水合物多孔性

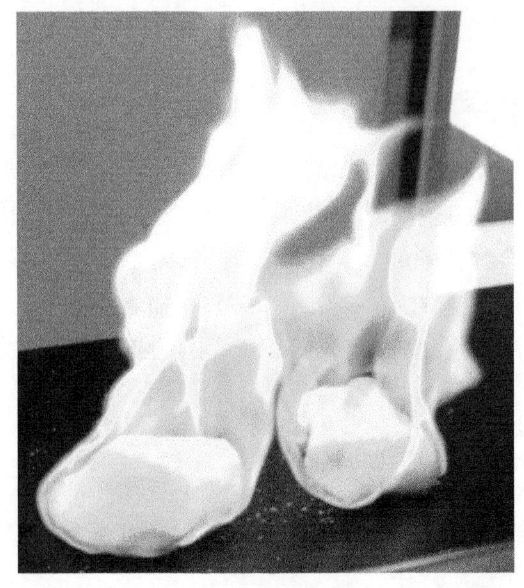

图 5.16　水合物分解释放的甲烷气燃烧形成的火焰（图片来源：MBARI）

参考文献

Anderson G K，2004. Enthalpy of dissociation and hydration number of methane hydrate from the Clapeyron equation. J Chem Thermodyn，36：1119−1127.

Dalmazzone C，Dalmazzone D，Herzaft B，2000. DSC：a new technique to characterize hydrate formation in drilling muds. Proceedings SPE Annual Tech Conference，Dallas，1−4 Oct，62962.

Durham W B，Kirby S H，Stern L A，2003. The strength and rheology of methane clathrate hydrates. J Geophys Res，108（B4）：2182−2186.

Durham W B，Stern L A，Kirby S H，et al.，2005. Rheology and structural imaging of sⅠ and sⅡ end−member gas hydrates and hydrate sediment aggregates. In：Proceedings of the international conference on gas hydrates 5，Trondheim，13−16 June，Paper 2030.

Giavarini C，Maccioni E，Santarelli M L，2003. Formation kinetics of propane hydrates. Ind Eng Chem Res，42：1517−1521.

Giavarini C，Maccioni F，Santarelli M L，2006. Modulated DSC for gas hydrates analysis. J Therm Anal Calorim，84（2）：419−423.

Giavarini C，Santarelli，Maccioni M L，2008. Dissociation rate of THF−methane hydrates. Petrol Sci Tech，26（18）：2147−2158.

Gupta A，Kneafsey T J，Moridis GJ，et al.，2006. Composite thermal conductivity in a large heterogeneous porous methane hydrate sample. J Phys Chem B，110（33）：16384−16392.

Gupta A，Dec S F，Koh C A，et al.，2007. NMR investigation of methane hydrate dissociation. J Phys Chem C，111：2341−2346.

Handa Y P，1986. Compositions，enthalpies of dissociation，and heat capacities for clathrate hydrates of methane，ethane，and propane，and enthalpy of dissociation of isobutene hydrate，as determined by a heat−flow calorimeter. J Chem Thermodyn，18：915−921.

Haneda H，Sakamoto Y，Kawamura T，et al.，2005. Experimental study of the dissociation behavior of methane hydrate by air. In：Proceedings of the international conference on gas hydrates 5，Trondheim，13−16 June，Paper 1025.

Hester K C，Huo Z，Ballard A，et al.，2007. Thermal expansivity of sI and sII clathrate hydrates. J Phys Chem B，111：8830−8835.

Huang D，Fan S，2004. Thermal conductivity of methane hydrate formed from sodium dodecyl solution. J Chem Eng Data，49：1479−1482.

Hyodo M，Nakata Y，Yoshimoto N，et al.，2005. Basic research on the mechanical behavior of methane hydrate−sediments mixture. J Jpn Geotech Soc Soils Found，45（1）：75−85.

Levik O I，Gudmundsson J S，2000. Calorimetry to study metastability of natural gas hydrate at atmospheric pressure below 0℃ //Holder G D，Bishnoi P R. Gas hydrates. Annals of the New York Academy of Sciences，912：pp 602−613.

Makogon Y F，1997. Hydrates of hydrocarbons. Tulsa：PennWell Books.

Rutqvist J，Moridis G J，2007. Numerical studies on the geomechanical stability of hydratebearing sediments. Offshore Technical Conference，30 April−3 May，Houston，doi：10.4043/18860−MS.

Santamarina J C，Ruppel C，2008. The impact of hydrate saturation on the mechanical，electrical，and thermal properties of hydrate−bearing sand，silts，and clay. Proceedings of the international conference on gas hydrates 6，Vancouver，6−10 July，Paper 5817.

Sloan E D，Fleyfel F，1992. Hydrate dissociation enthalpy and guest size. Fluid Phase Eq，76：123−140.

Sloan E D，Koh C A，2008. Clathrate hydrates of natural gases. 3rd ed. Boca Raton：CRC Press.

Staykova D K，Kuhs W F，Salamatin A N，et al.，2003. Formation of porous gas hydrates from ice powers：diffraction experiments and multistage model. J Phys Chem B，107：10299−10311.

Subramanian S，Kini R A，Dec S F，et al.，2000. Structural transition studies in methane ？ ethane hydrate using Raman and NMR//Holder G D，Bishnoi P R. Gas hydrates. Annals of the New York Academy of Sciences，912：873−886.

Takeya S，Takeo H，Uchida T，2000. In situ observations of CO_2 hydrate by X−ray diffraction//Holder G D，Bishnoi P R. Gas hydrates. Annals of the New York Academy of Sciences，912：973−982.

Tse J S，White M A，1988. Origin of glassy crystalline behavior in the thermal properties of clathrate hydrates：a thermal conductivity study of tetrahydrofuran hydrate. J Phys Chem，92（17）：5006−5011.

Waite W F，Gilbert L Y，Winters W J，et al.，2005. Thermal property measurements in tetrahydrofuran hydrate and hydrate−bearing sediment between −25 and 4℃，and their application to methane hydrate. Proceedings of the international conference on gas hydrates 5，Trondheim，13−16 June，Paper 5042.

第六章　自然界中的水合物

6.1　简介

人们在油气管道中发现水合物 30 多年之后，又发现海洋和永久冻土带沉积物中也存在大量天然形成的水合物。其中的许多水合物沉积物具有几千年的历史。自然界中天然水合物的发现归功于苏联的科学家们，他们领导了这个领域的早期工作（Makogon，1996）。在发现自然界中存在天然气水合物之后不久，科学家们开始预测这种“新材料”的储量（Trofimuk，Cherskiy，Tsarev，1973）。

天然水合物中的甲烷含量估算结果非常巨大，可能是传统天然气储量的两倍以上（Kvenvolden，1999）。对于天然水合物的后续研究（包括取心和地球物理测井的钻探项目）帮助完善和细化了天然水合物的分布范围。

本章介绍科学研究如何帮助人们深入认识自然界中的水合物，以及关于水合物生成位置和自然界中的水合物储量的最新研究进展。此外，本章还介绍一些生活在天然气水合物附近的有趣生态系统。

6.2　自然界的天然气水合物产出地

如图 6.1 所示，世界各大洲均发现了天然气水合物。天然气水合物主要出现在大陆边缘沿岸和永久冻土带以下，甚至在内陆海（例如黑海和里海）和淡水湖泊中也有发现（例如贝加尔湖）。

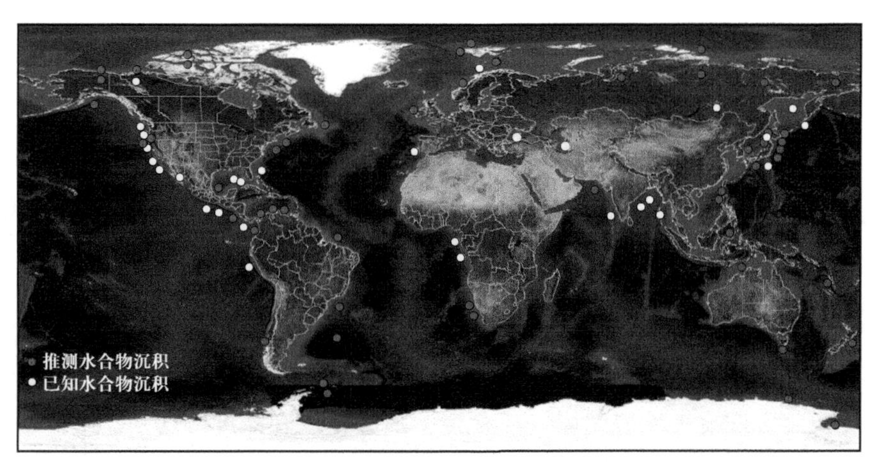

图 6.1　天然气水合物产出地分布

为了更好地理解为什么这些地方能够找到天然气水合物，我们必须来看形成水合物的必需条件。首先，温度和压力必须处于水合物稳定带之内；其次，必须有充足的水合物客体。一旦满足这两个条件，该区域就有可能存在天然气水合物。

6.2.1 天然气水合物的稳定带

确定天然气水合物存在地区的第一步是在全球范围内划分出满足天然气水合物稳定条件的区域（GHSZ），即哪些区域具有使水合物保持稳定的高压和低温环境。全球 GHSZ 的确定给出了天然水合物产出地的上限范围。

据估算，全球天然水合物中的气体 99% 是甲烷（Kvenvolden，Lorenson，2001）。某些水合物沉积中也确实含有较重烃气、CO_2 和 H_2S 等其他组分（Milkov，2004）。但是，在确定一般全球 GHSZ 时，仅考虑甲烷一种气体。

图 6.2 为海洋和永久冻土沉积物中 GHSZ 的简单示意图。图 6.2（b）为海洋环境，海平面附近至温跃层之间的温度（虚线）快速下降，温跃层是表层温暖海水和深部冷水体的分界，此处温度缓慢下降至 3～4℃，世界上大部分海底温度均处于此范围之内。温度曲线与水合物稳定线（实线）相交时，水合物可稳定存在，典型范围为 300～600m 水深区域（受局部温度剖面和矿化度影响）。但是海水中没有足够的气体使水合物稳定存在，因此将海底作为 GHSZ 的上边界。进入沉积层之后，地层温度又开始缓慢升高（全球地温梯度平均值：0.02℃ /m）。压力随深度的增加连续增高，当深度达到 500～1000m 时，由于地层温度过热已无法使水合物保持稳定，所以一般将此深度作为 GHSZ 的底部边界。

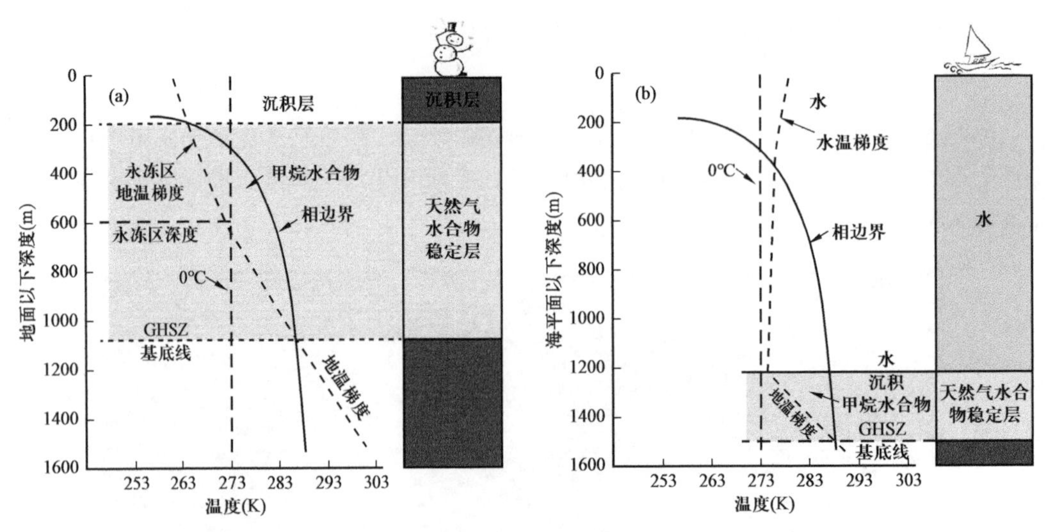

图 6.2 天然气水合物稳定带（GHSZ）

（a）永久冻土区；（b）海洋环境。在永久冻土区中，GHSZ 深度通常始于 100～300m，并可延伸至永久冻土带底部（一般 150～600m 深）以下几百米；在海洋环境中，GHSZ 可始于 300～600m 水深范围，并可延伸至海底以下数百米

GHSZ 的厚度取决于海底温度、矿化度、地温梯度和深度。图 6.2（b）中，深度未到达海底之前就已进入水合物稳定条件范围。图 6.3 为典型海洋温度剖面条件下，水深对

GHSZ 深度的影响。温度较高且压力较低时，GHSZ 最薄。在温跃层以下，水深越深，海底温度也越低，那里的 GHSZ 深度达到了 1000m 以下。

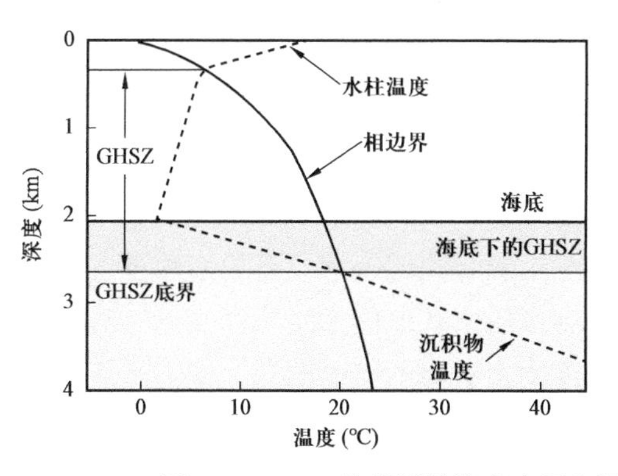

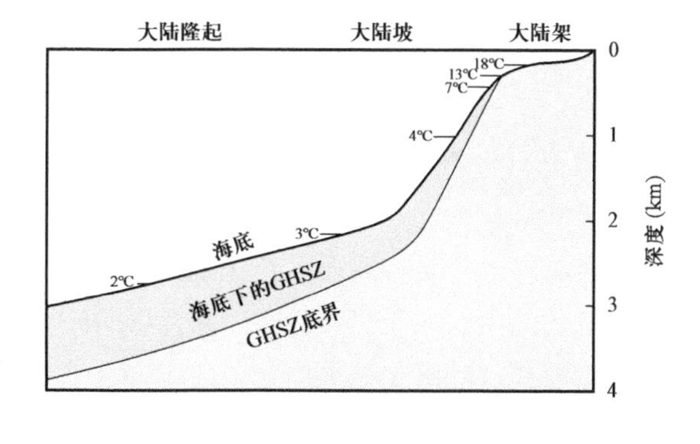

图 6.3　GHSZ 的范围随海底水温和深度的变化关系（据 Bohrmann，Torres，2006）

永久冻土区中的情况与海洋相似［图 6.2（a）］。温度曲线与水合物稳定线的相交位置标记出了 GHSZ 的顶部（典型深度 100～300m），但 GHSZ 可扩展至几百米深。图 6.4 给出了 GHSZ 和永久冻土带底部深度的关系。GHSZ 的深度与冻土带底部（0℃）位置有关，随冻土带底部深度的增加而增加。

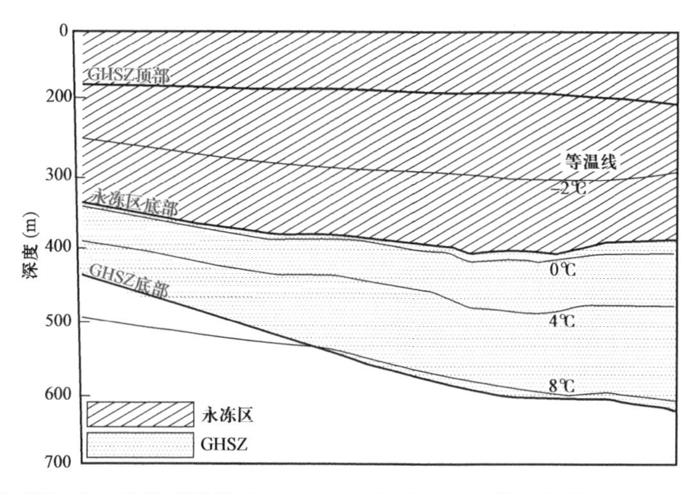

图 6.4　阿拉斯加北坡普拉德霍湾（Prudhoe bay）永久冻土带与甲烷水合物 GHSZ 的关系（据 Collett，Dallimore，2000）

利用上述确定 GHSZ 的方法可以调查统计全球水合物生成潜力区。事实上，超过 90% 的大洋海底和大多数永久冻土区都满足 GHSZ 条件，这也是最早估算天然水合物所用的方法（Trofimuk，Cherskiy，Tsarev，1973，1975）。但是，为了更准确地估算实际天然水合物产出地，还必须确定 GHSZ 中的哪些区域有足够的气体供应。

6.2.2　水合物中的天然气来源

虽然世界上满足水合物稳定条件的区域很多，但实际上其中多数都没有水合物。大多数海洋和永久冻土沉积物中没有发现水合物，主要原因是这些区域没有充足的气体供应。现在回到图 6.1，水合物区域明显集中在大陆边缘地带。然而，还未见有在巨大深海平原中发现水合物的报道。如果考虑形成水合物的气体来源，天然水合物的全球分布将变得更加清晰明朗。水合物中甲烷的主要来源有生物成因和热成因两类。

6.2.2.1 生物成因气

生物成因气是形成天然水合物的主要气体来源，以甲烷为主（Dillon，Max，2000）。无生命有机质（又称腐质）沉入大海并在海底聚集。随着时间的推移，有机质被埋入海底淤泥沉积物中。在无光条件下，微生物靠分解这些有机质来获取能量。当存在氧气时，发生有氧氧化或呼吸作用，产出 CO_2。由于有氧氧化很快将有限的氧气消耗完毕，海底沉积物转化为缺氧环境，发生厌氧发酵。这个区域在海底下部几厘米至几米深的范围，细菌将海水中的硫酸盐离子还原并产出 H_2S。当深度达到绝大多数硫酸盐离子都被还原时，古老的单细胞生物——古生菌（archaea）将主导剩余有机质分解并产出甲烷，这一过程称为产甲烷作用。产甲烷作用的区域范围非常广，通常从深度几百米延伸至沉积物温度达到 75～80℃为止。有机碳在海底沉积后经历的这些过程（包括硫酸盐还原和产甲烷作用）统称有机成岩作用。图 6.5 以图形形式给出了海底这类区域中的微生物活动和作用。

为了使水合物保持稳定，孔隙水中要有充足的甲烷。甲烷浓度必须高于其在水中的溶解度。为了让产烷菌产出足够的甲烷，还需要从上部海水中沉降下来大量的有机碳。图 6.6 为海底的总有机碳分布情况。靠近大陆边缘的区域具有相对较高的沉积速率和有机碳含量，而海洋其他区域的沉积速率要低得多。有机碳分布在很大程度上控制着生物成因甲烷的产出量，以及后续全球水合物沉积的大多数产出位置（图 6.1）。即使在大陆边缘地带，水合物也并非经常能延伸至海底。一般来说，天然气浓度最高的位置靠近 GHSZ 的底部。这是因为地层深部运移气体集中在此，而且甲烷的溶解度随深度增加。美国俄勒冈州海岸附近水合物脊（Hydrate Ridge）GHSZ 的深度约为 135m，而其上部的 40m 却不含水合物（Trehu et al.,2004）。含有水合物的区域（该例中为 40m 深至 GHSZ 底部）称为“天然气水合物产出带（Gas Hydrate Occurrence Zone，GHOZ）”。自 GHOZ 向上至海底这部分地层中，其自身产出的生物成因气不足以维持水合物稳定存在。后文将指出，在海底或海底附近确实存在水合物，但这是由局部通道将深部天然气引至海底而形成的。

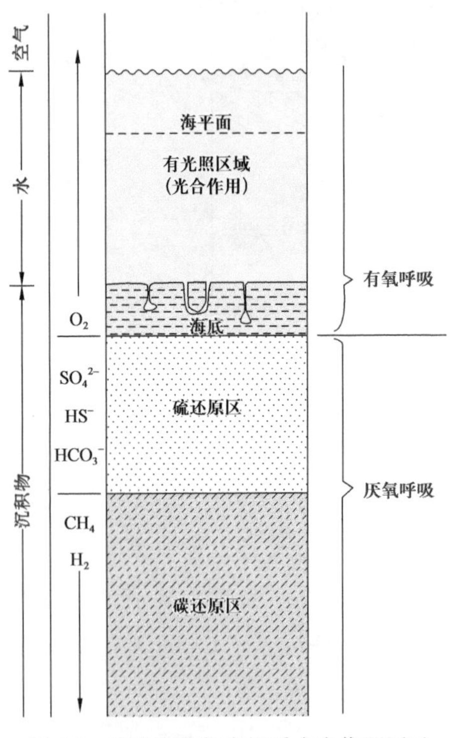

图 6.5 海底沉积物有机质成岩作用图示（据 Bohrmann，Torres，2006）

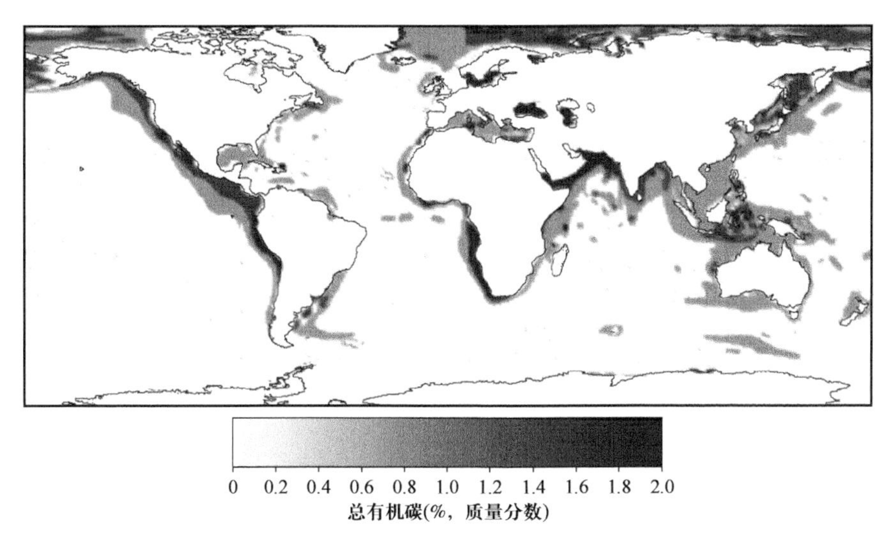

图 6.6　海底总有机碳分布（据 Klauda，Sandler，2005）

6.2.2.2　热成因气

热成因气是在地球深处由退化作用形成的。这类气体常见于常规油气藏。退化作用发生在 50～200℃温度条件下，将干酪根（石油的前身）有机质沉积中的大个分子分解。与选择性产出甲烷的成岩作用不同，退化作用还产出高浓度的较重烃类，包括乙烷、丙烷和丁烷。水合物中的热成因气含量远不及生物成因气。由于热成因气产出位置要比 GHSZ 深得多，那么存在热成因气就说明存在供气体向上运动至水合物稳定带的运移通道。目前已经在很多天然水合物中发现同时存在生物成因气和热成因气，例如永久冻土区。

6.3　天然水合物的现场探测技术

目前对天然水合物沉积的认知几乎全部来自海洋和永久冻土区的调查和钻探活动。这些研究极大地推动了人们对天然水合物的理解，帮助人们解释水合物如何形成于沉积物之中。第八章将介绍国际性的大型水合物钻探项目。这里我们讨论一些天然水合物的原位探测和测量方法。

6.3.1　遥测技术

由于钻井费用非常昂贵，因此十分需要对水合物进行远程探测和储量评价。地下探测的主要手段是地震勘探技术，这属于地球物理学领域。地震勘探通过测量地震波信号往返时间获得沉积物结构等重要信息。GHSZ 底部常常存在一个游离气层，地震勘探技术对游离气十分敏感。19 世纪 50 年代，人们发现某些含水合物沉积存在似海底反射现象（BSR）（图 6.7）。该反射带由地震波信号经过含气地层时产生。GHSZ 中并不经常含有天然气，而 GHSZ 底部的水合物并不稳定，可能存在游离气。因此，BSR 提供了水合物是

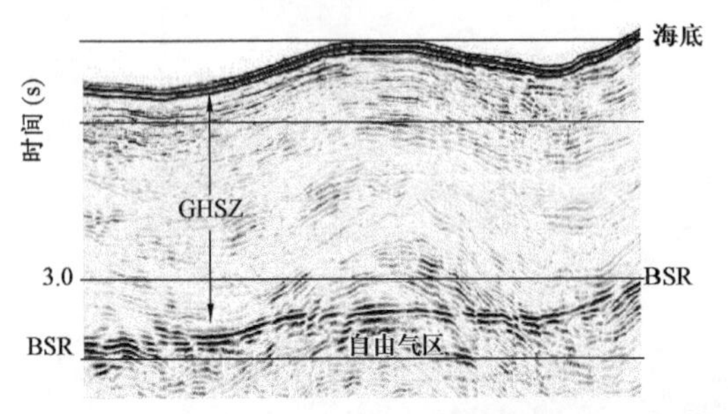

图 6.7　地下沉积物的地震剖面图像显示 GHSZ 底部存在 BSR

否存在以及 GHSZ 厚度的信息。BSR 看似是远距离探测水合物的最佳工具，但事实上有很大限制。首先，它几乎不能提供水合物原位饱和度信息，水合物含量非常少时也能观察到 BSR。其次，不是所有水合物储层都产生 BSR 现象，没有 BSR 并不能排除存在水合物藏。由于当前还没有足够的水合物及其饱和度的远探测工具，因此需要钻井手段来寻找并描述水合物储层。

6.3.2　直接取样

研究天然水合物最直接的方法是原地测量。本小节将介绍在海底、海底附近（上方 10m）以及深部沉积物中测量水合物的方法。近海底水合物研究中，直接采样和实验分析这两种手段获取的信息最多。深层水合物沉积研究主要依靠钻井、测井和直接采样技术来实现。

6.3.2.1　取心

在海底或钻井过程中均可使用取心采样技术。通过取心，可直接观察并测量天然水合物及其与周围沉积物的关系［图 6.8（a）］，分析水合物样品释放的气体可确定其组成，例如化学分析可确定水合物结构，同位素分析可确定水合物中的气体来源（Milkov，2004）。利用岩心可以更好地理解水合物在不同类型沉积物（例如细粉砂与粗砂）中的聚集形式和分布状态（Bohrmann，Torres，2006）。取心作为一种获取地面真值的手段还能用于刻度测井结果（6.3.3 节）。

由于水合物在环境压力下降时不再稳定，因此水合物取心的难度很大。很多时候在地下采到了含有水合物的岩心，而水合物却在岩心回收至甲板的过程中分解掉了。尤其是沉积物中的水合物饱和度较低时，取心更加困难。即使有些水合物幸免于难，水合物的大量分解也将对测量结果产生很大干扰。这些传统的岩心必须尽快放入液氮中保存。通常采用热成像技术快速识别出含水合物岩心段。图 6.8（b）为一块含水合物沉积物岩心的热成像结果。由于水合物的分解是吸热的，含水合物沉积物的温度将低于周围区域。

即使水合物发生了分解，仍然可以估算原位状态下的水合物饱和度。水合物形成时排除盐类，所以分解时会在孔隙中生成淡水（Bohrmann，Torres，2006；Trehu et al.，2004）。通过分析孔隙水的淡化程度就能计算水合物饱和度。

研究人员正在使用保压取心装置来克服水合物分解的问题。这种保压取心器能够维持取心时的样品压力，在最接近岩心原始状态的条件下研究含水合物沉积物。这个领域的进展正不断涌现，采用最新技术已能在保压状态下将岩心样品转移到二次取样器中进行多种测量。图 6.8（c）为配有不同探头的样品室，用于测量水合物岩心的机械性质和电性质。

将来，这项技术能够帮助解决水合物在孔隙中的赋存状态问题，分析出水合物沉积是孔隙填充型（占据孔隙中心）、胶结型，还是包裹在沉积颗粒表面。

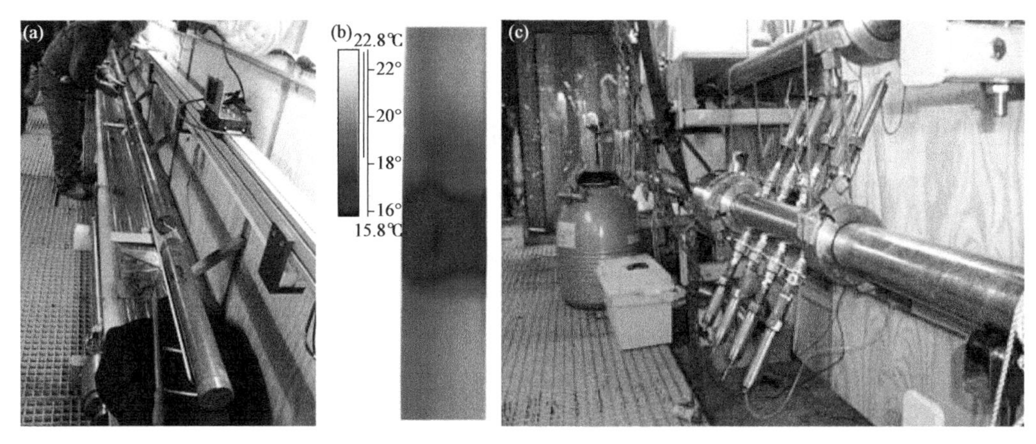

图 6.8 在现场进行天然水合物取样（图片来源：NETL）
（a）钻井船上的岩心处理实验室［DOE/JIP 墨西哥湾水合物研究航次（Gulf of Mexico Hydrate Research Cruise）］；（b）含水合物岩心的热图像（据 D'Hondt et al.，2003）；（c）墨西哥湾水合物研究考察船使用的佐治亚理工学院（Georgia Tech）的机械性质测量仪器

6.3.2.2 其他直接采样方法

水合物样品在回收过程中难以保存并维持其原始状态，因此需要非回收的直接测量技术。目前已经利用特制的拉曼光谱仪器在海底实现了这种测量（Hester et al.，2007a，2007b）。与成熟的水合物实验室分析仪器（第五章）相比，这类海洋仪器利用水下机器人完成测量［图 6.9（a）］，探头与谱仪之间用光纤连接。如图 6.9（a）所示，探头发出的激光聚焦在水合物露头上，直接测量水合物结构和成分，不会对样品造成任何干扰（Hester，Brewer，2009）。目前，深海拉曼技术已用于含水合物沉积物附近孔隙水中的甲烷、硫酸盐和硫化物的原位测量。这种方法可提供溶解甲烷的定量测量，克服了传统岩心回收过程中的甲烷脱气问题（Zhang et al.，2010）。

图 6.9 海上的拉曼光谱仪具备测量水合物结构和组成的能力（据 Hester et al.，2007a）
（a）利用名为 Ventana 的水下机器人操纵谱仪；（b）在巴克利峡谷（Barkley Canyon）直接测量 850m 水深海底的水合物露头

6.3.3 测井

测井可提供地层的重要信息，分为随钻测井（LWD）和钻后电缆测井两类。常用的水合物测井仪器可提供密度、电阻率、声波波速和 NMR 弛豫时间等许多性质。沉积物中存在水合物时会在测量结果上有所响应，从而实现水合物探测和描述。综合利用多种测井方法可更准确地描述水合物沉积，例如利用密度与 NMR 测井曲线组合估算水合物饱和度（Murray et al.，2005）。

6.4 天然气水合物占据沉积物孔隙空间的方式

根据现场研究成果可知，深度（岩石静压力）和储藏环境（沉积物类型）影响水合物占据孔隙空间的形式。这里介绍海底附近浅层水合物沉积和深层水合物沉积两类。

6.4.1 浅层天然气水合物沉积

如上所述，虽然海底附近广泛存在 GHOZ，但由于原位甲烷的生成速率慢，这些区域一般不产出水合物。然而，海底许多地方存在高气体通量的运移通道，天然气可通过这些通道到达海底附近。这些排气口中的气体通常是生物成因气和热成因气的混合体。排气口的出现位置没有固定规律，且仅在排气活跃期形成海底水合物。一旦停止排气，海底的水合物将随着时间慢慢分解。

浅层水域海底通常为未胶结的淤泥和黏土。气体通量较高时，形成大范围的织物状水合物。水合物可以存在于孔隙之中；而浅层水域高通量气流形成的水合物还能克服静岩压力并将沉积物撑开，逐渐生长为大块状、条状和结核状。这些水合物的外观呈亮白色，以毫米级［图 6.10（a）］至厘米级［图 6.10（b）］层状出现。它们一般与地层层理平行，厚度可超过 10cm［图 6.10（c）］。

高通量热成因气到达海底时可形成水合物丘。热成因气源自深部油藏，通过局部裂缝运移。气体不断聚集形成上升流，在海底形成排气现象和裸露的水合物。这类气体经常伴有石油和凝析流体。与之前讨论的纯甲烷水合物不同，这种局部沉积常含有大量的较重烃类。由于水合物丘是局部裂缝网络的产物，因此很难预测其出现的位置，这也是人们对海底水合物丘的位置所知甚少的原因。目前对这类水合物聚集的探测能力还非常有限。例如，巴克利峡谷（加拿大温哥华海岸附近）中的水合物丘是由一艘拖网渔船发现的，这艘渔船无意中将数吨含有可燃气体的水合物打捞到了甲板上（图 6.11）（Spence et al.，2002）。世界上许多地区都发现了海底水合物丘，包括墨西哥湾、里海、黑海和日本海（Diaconescu，Kieckhefer，Knapp，2001；Matsumoto et al.，2005；Sassen，MacDonald，1994；Woodside，Modin，Ivanov，2003）。石油渗流在墨西哥湾非常普遍，在小型盐岩盆地边缘常有热成因气排气口（Sassen et al.，2004）。

在聚敛边缘发现的唯一一处热成因水合物位于巴克利峡谷。人们普遍认为其产生机制是盆地深部流体垂直运移并不断聚集而成（Pohlman et al.，2005）。这些水合物丘可高出海底几米，局部覆盖一层薄薄的沉积物（图 6.12）。水合物丘附近还可见到细菌席和巨蛤类生物。在墨西哥湾还发现了管状蠕虫和其他迷人的海洋生物（Chapman et al.，2004；Sassen et al.，1999）。海底水合物附近的海洋生态系统将在本章后续章节中详细讨论。

暴露在海底的水合物是一个动态系统，随着水流、温度和气体排放速度而变化。其中一些水合物丘也惊人地稳定。墨西哥湾的布什高地（Bush Hill）GC-185 站位的长期观测实验显示，一个水合物丘的形状和大小在 2001 年 7 月至 2002 年 7 月间都没有发生明显变化（Vardaro et al.，2006）。

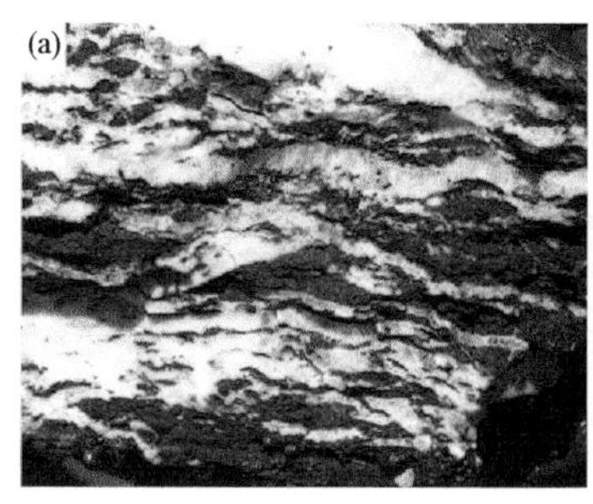

图 6.10　天然水合物产出形态（图片来源：USGS）

（a）海底附近黏土沉积物中的层状水合物，厚度为几毫米至几十厘米；（b）大块水合物沉积；（c）海底水合物露头（水合物丘）

本节所讨论的浅层水合物沉积可以有非常高的水合物饱和度。但是，由于它们形成于局部排气口，其横向延伸范围一般不大。由于人们对这种浅层沉积数量的了解十分有限，在估算全球水合物储量时一般不将这部分纳入在内。预测这种分散的水合物沉积需要更深入地了解每一处局部石油系统。

图 6.11　一艘小型拖网渔船在巴克利峡谷打捞到数吨水合物（据 Spence et al.，2002）

图 6.12　巴克利峡谷 850m 水深海底的水合物丘

6.4.2 深层天然气水合物沉积

深层沉积物中的水合物无法克服沉积物颗粒之间的静岩压力，因此被限制在沉积物孔隙或裂缝中。实践经验表明，沉积物类型和性质是控制水合物饱和度的决定性因素。在黏土和淤泥中，低孔隙度和低渗透率导致水合物（体积）饱和度低至10%以下。这类分散状水合物是最普遍的一种水合物沉积类型（第八章）。根据对水合物岩心样品的观察，对于以黏土为主的沉积物，绝大多数水合物存在于微小裂缝网络之中。

然而，对于粒度较粗的沉积物（例如砂岩）来说，情况有所不同。这类层状沉积物中的水合物饱和度可以很高。这种水合物藏在全世界范围内都有发现，最适合进行天然气水合物能源开发。这类砂岩地层也是陆上永久冻土带开采试验的主要目的层。

随着现场研究的不断深入，新的水合物沉积正在不断地被发现。近期，印度国家天然气水合物项目（Indian National Gas Hydrate Program）的首次钻探考察在安达曼群岛（Andaman Islands）附近海域的海底之下600m深处发现了富含水合物的火山灰层。该地层是目前已知的最厚、最深的天然气水合物沉积。

6.5 天然水合物中的甲烷含量

Mikov（2004）对水合物估算储量和估算方法进行了详细的综述。随着对水合物认识程度的深入（大部分通过现场钻探项目完成），对原有假设模型施加了更合理的约束条件，因而水合物中甲烷总储量的估算结果有所下降。图6.13为近年来水合物含量的估算结果。早期的估算认为整个GHSZ都含有高饱和度的水合物。而现在知道水合物主要被限制在永久冻土带和大陆边缘附近，这里有充足的有机碳来产生甲烷。此外，沉积物类型还对局部含水合物饱和度起主要控制作用。绝大多数含水合物的沉积物为细黏土和淤泥，平均水合物

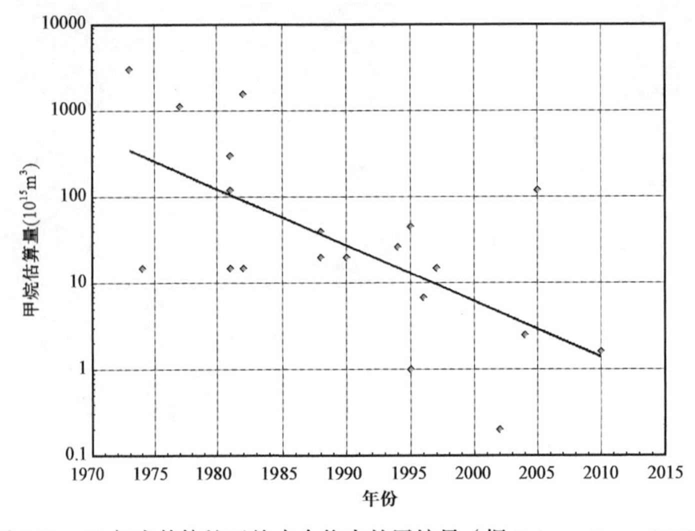

图6.13 30年来估算的天然水合物中的甲烷量（据Solan，Kor，2008）

饱和度小于2%（体积分数）。局部高饱和度的区域（例如砂岩层）将是天然气水合物能源开发的靶区。目前，天然水合物中的甲烷量估算值约为（1～10）$\times 10^{15}m^3$。这一数值仍然大大超过传统天然气储量估算值，第八章将介绍各国在水合物天然气开采领域的努力和尝试。

6.6　天然气水合物的生态学——冰虫

过去20年来，海底地质学和生物学勘测技术进展空前。现在已经能对水深超过5000m的海底进行细致观察与样品采集，这一深度覆盖了地球上绝大多数海底深度范围。早期使用深海潜水探测器。现代勘测利用的载人潜水器和水下机器人装配了高分辨率数字相机、传感器和采样设备，这些采样设备能够取回岩石、沉积物甚至活体动物样本。

海洋勘探作业发现了与天然气水合物有关的深海生态系统。海床上的水合物为微生物和大生物密集群体创造了栖息地。这些生物主要是双壳类动物（贻贝、巨蛤和满月蛤）（图6.14）、Vestimentiferan管状蠕虫（图6.15）、多毛虫、须腕动物、海绵动物、腹足动物和小型甲壳动物，它们依靠充足的化学能合成原核微生物（例如古生菌和细菌）生存，这些微生物既是其食物来源又是共生者。这些物种群体与深海高温热液和大洋中脊冷喷口附近的生物共生群体十分相似（Lonsdale，1977）。

天然气水合物所在的海底环境黑暗无光。在这里，生命的基础不是光合作用（太阳光作为生物的能量来源），而是化能合成作用。化能合成作用是一个新陈代谢过程。自养生物（例如某些细菌）通过化能合成作用获得能量来转化有机质中的碳，通过氧化非有机质来实现生物合成。这些生物体作为真正的初级生产者，支撑着食物链上更高营养级的其他生物。

图6.14　海底水合物沉积上的双壳软体动物（图片来源：http：//www.noaa.gov）
美国东部海岸布莱克海台（Blake Ridge），水深2150m

图 6.15　天然气水合物附近的 Vestimentiferan 管虫与化能合成细菌共生体（据 Giavarini，2007）

这些生存在天然气水合物附近的奇特化能合成生物群体的密度和数量都非常大。丰富的营养物质供应（水合物笼形结构中的甲烷）促进了这些生物的繁殖。这里是深海环境中真正的生态绿洲，能够维持生命的存在。虽然这些绿洲中的生命并不直接利用天然气水合物，但是它们却受益于充足的营养物质供应。人们在世界上多处这类绿洲［南大西洋的布莱克海台、墨西哥湾、俄勒冈州海岸附近的卡斯卡迪亚（Cascadia）古陆］中发现了鱼类、海百合、海参、线虫、虾和有孔虫等物种。

研究人员已经在化石露头中找到了深海天然气水合物相关生态系统的证据。其中最好的例子是在意大利 Tuscan-Emilian 地区的化石中发现的生物群落，距今已超过六百万年（Conti，Fontana，1999；Conti，Gelmini，Ponzana，1993；Taviani，1994）。

1997 年 7 月 12 日，科研潜水器 Johnson Sea-Link 潜入墨西哥湾，并到达水深 550m 处的水合物露头附近。美国宾夕法尼亚州立大学的 Charles Fisher 教授和来自美国海港海洋学研究所（Harbor Branch Oceanographic Institution）的驾驶员 Phil Santos 观察到水合物沉积表面有奇怪的运动。随着潜水器不断靠近水合物丘，他们发现这种运动是由一种未知动物引起的（图 6.16）。这些动物称为冰虫（ice worm），它们生活于覆盖在水合物表面的隧道和洞穴网络之中，在没有光线的环境中也能生存（Fisher et al.，2000）。

冰虫是多毛纲动物，属于环节动物门（Annelida）。它们呈粉红色，身体呈圆柱形、略显扁平且左右对称，体长约 4cm。天然气水合物附近数量最多的种群是 Hesiocaea methanicola 冰虫。这种动物没有嘴和消化道，以生活在其细胞状组织中的化能合成细菌作为能量和营养来源。

冰虫在生态系统中的作用尚不明确，最令人印象深刻的是它们感受到威胁时会做出保护洞穴的行动。这种行为在简单的外部观察者（例如科学家用于采集小型样品或拍照的无人机器人）靠近时都会出现（Camerlenghi，Panieri，2007）。

图 6.16　墨西哥湾（水深 540m 处）天然气水合物沉积表面的 Hesiocaea methanicola 冰虫（据 Giavarini，2007；拍摄者：R. MacDonald，美国得州农工大学柯柏斯·克里斯蒂分校）
水合物上的黄色部分是水合物沉积中的凝析油。这些冰虫拥有从水合物表面延伸至下部沉积物的隧道

6.7　大众文化中的天然水合物

海洋地质学家认识到海底存在甲烷天然气水合物已经有 50 年了。如果水合物所处环境受到扰动或者内部温度和压力发生改变，其储存气体有可能发生快速释放（第十章）。

人们推测，这种水下气化沸腾现象产生的气泡会威胁到船只的安全。根据阿基米德原理，漂浮在液体中的物体受到竖直向上的浮力作用，浮力大小等于该物体排开的液体所受到的重力。有一种观点认为，水下水合物释放的气泡会令船只失去浮力而沉没。这些气泡降低了海水的总体密度，从而降低了浮力。

海水气化是一种真实存在的现象，造成过石油平台的倒塌。在里海和西伯利亚海岸，海底气体泄漏对船只构成威胁。当前的问题在于天然气水合物是否应对这些事件负责。

甲烷气体的大量释放还会对飞机造成危害。如果从海底渗出的甲烷气体在进入大气之前没有被氧化变成 CO_2，则富含甲烷的空气可能导致低空飞行器引擎爆炸。但引起这类爆炸的甲烷体积浓度必须在 5%～15%，所以即使发生甲烷大规模释放，在高海拔区域似乎也无法达到这么高的浓度。

海底气体释放会在海底形成麻坑（pockmark）地貌，即大小不同的凹陷。在北海以及巴拿马、佛罗里达和百慕大群岛（Bermuda Islands）之间的三角形区域的海底发现了大量的这类麻坑。人们在其中一个名为 Witches Hole 的大型麻坑的中心发现了一艘沉船（Marchant，2001）。这艘沉船的平稳姿态与其他沉船大不相同，似乎能支持海水密度突变的说法。在过去的 60 年里，已有几十艘船只和飞机消失在所谓的百慕大三角。

许多文章和电视节目都探究过百慕大三角问题。根据一些科学家和媒体的说法，船只和飞机神秘消失的原因是海底天然气水合物分解引发了气体沸腾现象（Gruy，1998）。许多实验和模拟研究都分析了气体释放引发的大气泡和小气泡对漂浮物体的影响（Denardo et al.，2001）。May 和 Monagham（2003）提出：在海上，上升的小气泡卷流无法提供足够的向上阻力来浮起一艘船只，即使气泡卷流密度大于水的密度时也是如此。因此，他们主要考察了单个大型气泡的影响，并得出大气泡也可以使船只沉没的结论。

虽然水中的气泡在理论上可以使船只沉没，但至今仍未见到海底水合物释放甲烷气体的记录。在 1992 年的一部纪录片中（Equinox Science Series，1992），没能找到能将水合物同这些事件联系起来的科学证据。总的来说，虽然水合物理论上能使船只沉没，但目前并不能证明水合物与这些事件有关。

2004 年，德国作家 Franz Schätzing 出版了科幻小说 *The Swarm*（德语原名为 *Der Schwarm*）。小说的主角是冰虫和细菌，它们通过破坏甲烷水合物的稳定性来制造海底滑坡灾难和海啸。所有这些事件都以反抗人类突然不当地入侵海洋环境的形式出现。Schätzing 的小说具有一定程度的科学严谨性。一些海洋天然水合物领域的国际知名学者（例如德国不来梅大学的 Gerard Bohrmann）不仅是作者的科学顾问，还是小说本身中的人物。

参考文献

Bohrmann G，Torres M E，2006. Gas hydrates in marine sediments//Schultz H D，Zabel M. Marine geochemistry. Heidelberg：Springer：481-512.

Camerlenghi A，Panieri G，2007. Diffusione in natura//Giavarini C. Energia immense e sfida ambientale. Editrice La Sapienza：Gli idrati del metano.

Chapman R，Pohlman J，Coffin R，et al.，2004. Thermogenic gas hydrates in the northern Cascadia margin. EOS Trans，85（38）：361.

Collett T S，Dallimore S R，2000. Permafrost-associated gas hydrate//Max M. Natural gas hydrate in oceanic and permaforst environments，Dordrecht：Kluwer Academic Publishers：43-60.

Conti S，Fontana D，1999. Miocene chemotherms of the northern Apennines，Italy. Geology，27：927-930.

Conti S，Gelmini R，Ponzana L，1993. Observazioni preliminaru sui calcari a Lucine dell’Appennino settentrionale. Atti Soc Nat Mat Modena，124：35-56.

D’Hondt S L，Jorgensen B B，Miller D J，et al.，2003. The use of infrared thermal imaging to identify gas hydrate in sediment cores. In：Proceedings of ocean drilling program，initial reports 201.

Denardo B，Pringle L，DeGrace C，et al.，2001. When do bubbles cause a floating body to sink？Am J Phys，69（10）：1064.

Diaconescu C C，Kieckhefer R M，Knapp J H，2001. Geophysical evidence for gas hydrates in the deep water of the South Caspian Basin，Azerbaijan. Mar Petrol Geol，18：209-221.

Dillon W P，Max M D，2000. Natural gas hydrate in the oceanic and permafrost environments. Dordrecht：Kluwer Academic Publishers.

Equinox Science Series，1992.The Bermuda triangle. Produced by Geofilms for Channel 4，UK.

Fisher C R，MacDonald I R，Sassen R，et al.，2000. Methane ice worms：Hesiocaeca methanicola colonizing fossil fuel reserves. Naturwessenschaften，87：184-187.

Giavarini C，2007. Energia immensa e sfida ambientale：Gli idrati del metano. Roma：Editrice La Sapienza.

Gruy H J，1998. Natural gas hydrates and the mystery of the Bermuda triangle. Petrol Eng Intl，71（3）：71–79.

Hester K C，Brewer P G，2009. Clathrate hydrates in nature. Ann Rev Mar Sci，1：303–327.

Hester K C，Dunk R M，Walz P M，et al.，2007a. Direct measurments of multi–component hydrates on the seafloor：pathways to growth. Fluid Phase Eq，261：396–406.

Hester K C，Dunk R M，White S N，et al.，2007b. Gas hydrate measurments at hydrate ridge using Raman spectroscopy. Geochem Cosmochim Acta，71：2947–2959.

Klauda J B，Sandler S I，2005. Global distribution of methane hydrate in the ocean sediment. Energy Fuels，19：459–470.

Kvenvolden K A，1999. Potential effects of gas hydrate on human welfare. Proc Natl Acad Sci USA，96：3420–3426.

Kvenvolden K A，Lorenson T D，2001. The global occurrence of natural gas hydrate//Paull C K，Dillon W P. Natural gas hydrates：occurrence，distribution，and detection. American Geophysical Union，Geophysical Monograph Series，124：3–18.

Lonsdale P，1977. Clustering of suspersion–feeding macrobenthos near abyssal hydrothermal vents at oceanic spreading centers. Deep–Sea Res，24：857–863.

Makogon Y F，1966. Special characteristics of the natural gas hydrate fields exploration in the zone of hydrate formation. Moscow：TsNTI MINGASPROMa.

Marchant J，2001. Sunk without trace. New Sci，171（2310）：12.

Matsumoto R，Okuda Y，Aoyama C，et al.，2005. Methane plumes over a marine gas hydrate system in the eastern margin of Japan Sea：a possible mechanism for the transportation of subsurface methane to shallow waters//Proceedings of international conference on gas hydrates 5，Trondheim，13–16 June：749–754.

May D A，Monaghan J J，2003. Can a single bubble sink a ship？ Am J Phys，71（9）：842.

Milkov A V，2004. Global estimates of hydrate–bound gas in marine sediments：how much is really out there？Earth–Sci Rev，66：183–197

Murray D，Kleinberg R，Sinha B，et al.，2005. Formation evaluation of gas hydrate reservoirs. SPWLA 46th annual logging symposium，26–29 June，New Orleans，2005–SSS.

Pohlman J W，Canuel E A，Chapman N R，et al.，2005. The origin of thermogenic gas hydrates on the northern Cascadia margin as inferred from isotopic（$^{13}C/^{12}C$ and D/H）and molecular composition of hydrate and vent gas. Org Geochem，36（5）：703–716.

Sassen R，MacDonald I R，1994. Evidence of structure H hydrate，Gulf of Mexico continental slope. Org Geochem，22（6）：1029–1032.

Sassen R，Joye S，Sweet S T，et al.，1999. Thermogenic gas hydrates and hydrocarbon gases in complex chemosynthetic communities，Gulf of Mexico continental slope. Org Geochem，30（7）：485–497.

Sassen R，Roberts H H，Carney R，et al.，2004. Free hydrocarbon gas，gas hydrate，and authigenic minerals in chemosynthetic communities of the northern Gulf of Mexico continental slope：relation to microbial processes. Chem Geo，205（3–4）：195–217.

Sloan E D，Koh C A，2008. Clathrate hydrates of natural gases. 3rd ed. Boca Raton：CRC Press.

Spence G D，Chapman N R，Hyndman R D，et al.，2002. Fishing trawler nets massive “catch” of methane hydrates. EOS，82（50）：621–627.

Taviani M，1994. The “calcari a Lucina” macrofauna reconsidered：deep–sea faunal oases from Mioocene–age cold vents in the Romagna Apennine. Geo–Mat Lett，14：185–191.

Trehu A M，Long P E，Torres M E，et al.，2004. Three dimensional distribution of gas hydrate beneath southern hydrate Ridge. Earth Planet Sci Lett 222：845–862.

Trofimuk A A，Cherskiy N V，Tsarev V P，1973. Accumulation of natural gases in zones of hydrate—formation in the hydrosphere. Doklady Akademii Nauk SSSR，212：931–934.

Trofimuk A A，Cherskiy N V，Tsarev V P，1975. The reserves of biogenic methane in the ocean. Doklady Akademii Nauk SSSR，225：936–939.

Vardaro M F，MacDonald I，Bender L，et al.，2006. Dynamic processes observed at a gas hydrate outcropping on the continental slope of the Gulf of Mexico. Geo–Mar Lett，26：6–15.

Woodside J M，Modin D I，Ivanov M K，2003. An enigmatic strong reflector on subbottom profiler records from the Black Sea–the top of shallow gas hydrate deposits. Geo–Mar Lett，23（3–4）：269–277.

Zhang X，Walz P M，Kirkwood W J，et al.，2010. Development and deployment of a deep–sea Raman probe for measurement of pore water geochemistry. Deep Sea Res I，57（2）：297–306.

第七章　作为油气工业中问题的水合物

7.1　天然气水合物引起的工业问题

天然气水合物被发现之后的几十年里，人们仅单纯地出于科学好奇对其进行研究，并未认识到实验室之外也可以存在水合物。直到 1934 年，情况才发生了改变。当在含有水汽的条件下加工和输送天然气时，形成了一种外观像雪的物质，影响了作业。这种固态物质可以增长，以至于堵塞海上和陆上的输送管线。最初人们认为这种物质是冰，但却发现这种像雪一样的固体在温度高于冰点时也能形成。这促使人们寻找另外一种解释。Hammerschimdt（1934）确认了这种“雪”实际上是天然气水合物，也是管道堵塞的罪魁祸首（图 7.1）。

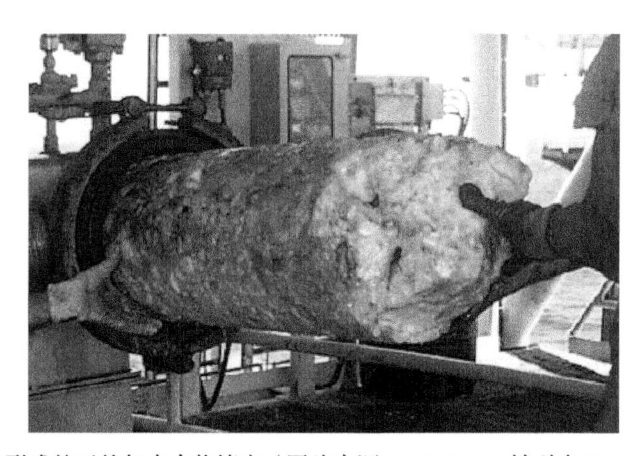

图 7.1　管道中形成的天然气水合物堵塞（图片来源：Peterbras，转引自 Sloan 和 Koh，2008）

石油天然气工业界很快认识到了管道堵塞带来的经济影响。为了深入认识水合物并寻找避免水合物形成的方法，人们组织和资助了针对天然气水合物的系统研究，在较短的时间内完成了对水合物热力学相行为的测量，还发展了使天然气水合物保持稳定的温度和压力条件的预测方法。人们后来发现水合物具有不同的晶格结构，发展出统计热力学模型用以改善水合物稳定性的预测结果。起初，这些研究的最终目标是消除和避免形成水合物，特别是在海底和过河管道等易发区域（图 7.2）。随着钻井作业水域的深度不断增加（图 7.3），海底压力逐渐增大、温度也逐渐降低，想要完全避免生成水合物已不切实际。因此，研究思路逐渐转变为发展控制天然气水合物的方法来避免发生管道堵塞。

除了经济问题以外，Sloan 和 Koh（2008）列举了水合物引发的多个工业事故，其中一些事故中有严重的伤亡。水合物的密度、结构与冰相似。采用减压法使水合物分解是移除水合物堵塞物的一种手段。在此过程中，水合物堵塞物会脱离管壁并发生移动。如果只降低单侧的压力，则堵塞物两端的压力差可将其变为高速弹射体。任何管道弯曲、阀门和其他障碍都会导致管道被水合物击破（图 7.4）。单位体积的水合物包含 160 体积的天然气，必须采取极其谨慎的措施来防止压力过大和管道爆炸。这些事故场景提示人们要重视水合物对人和设备的威胁。

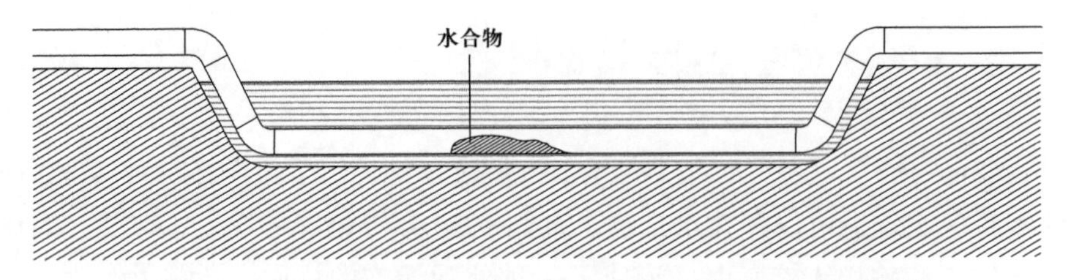

图 7.2　水下管线中形成水合物（本例为冬季的过河或过湖管道）

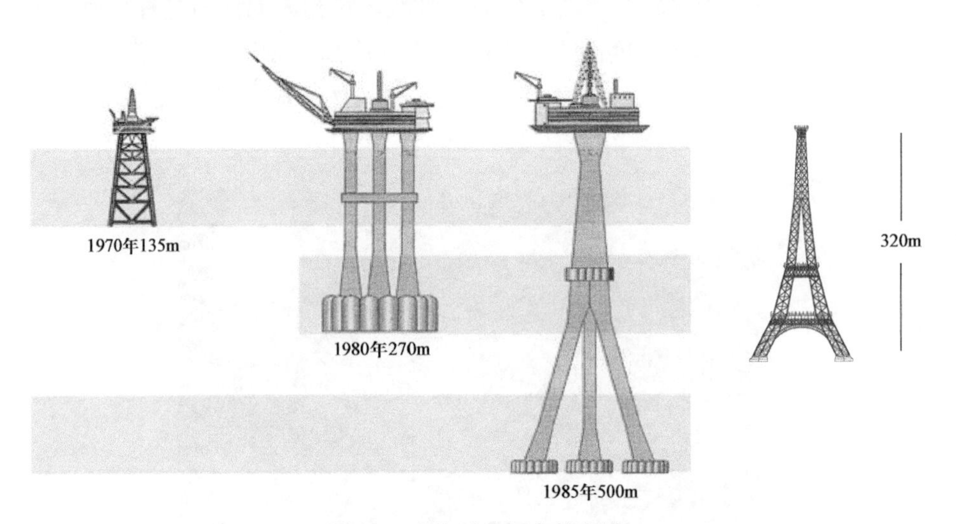

图 7.3　北海采油平台的发展

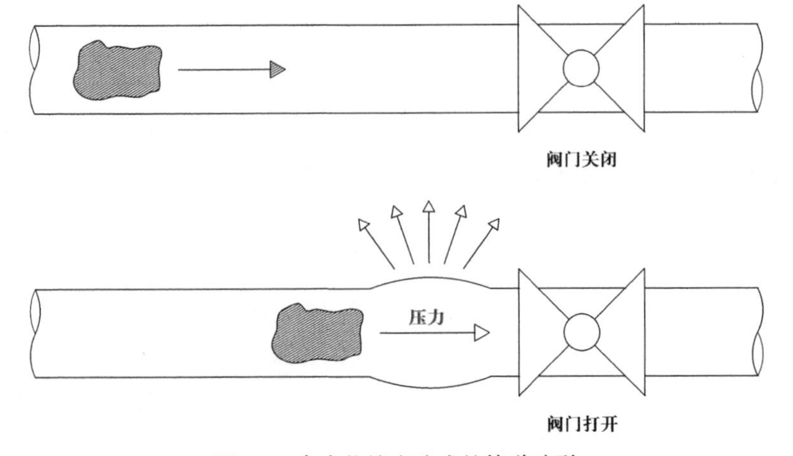

图 7.4　水合物堵塞造成的管道破裂

此外，钻井过程中某些钻井液也能生成水合物。这些水合物会大大地改变钻井液的流变性，偶尔堵塞钻井液管线。其他情况还包括钻穿水合物储层时造成水合物分解，引起不可控的天然气释放（Collett，Dallimore，2002）。

2010 年 5 月 6 日至 8 日，BP 公司试图将一个大型控油穹顶（防漏罩）放置在漏油井上方（图 7.5）。防漏罩顶部设计有一根管道，用于将油气引到上方的油轮中（National Commission on the BP Deepwater Horizon Oil Spill and Off shore Drilling，2011）。这类防漏罩方案之前曾有过应用，但只用在不存在水合物问题的浅水区域。

图 7.5　BP 在深水地平线漏油事故中使用的防漏罩（来源：USCG，BP）

此时必须考虑天然气水合物生成所带来的问题。当天然气与寒冷海水接触时，在气泡周围会很快形成一层水合物壳。图 7.6 为一组实验实例，由 ROV（潜水机器人）在 1000m 水下控制进行（Hester et al.，2007）。当 ROV 将天然气注射到一个玻璃容器中时，容器顶部的气泡周围立即形成了白色块状水合物。这些水合物互相接触，气泡逐渐黏结并聚集形成了很大体积的水合物。如果不使用抑制剂，来自油井的气体和油滴将被水合物包裹，很可能在进入防漏罩和上方管道时造成堵塞。BP 当时计划在防漏罩装配到位后再注入水合物抑制剂甲醇，因为他们不具备在安装过程中注入抑制剂的能力。

5 月 7 日，总质量达 98t 的巨大防漏罩被放置在漏油井的上方。水合物立刻堵塞了管线，水合物、气体和石油开始注入防漏罩。BP 公司勘探与钻井部门的 CEO 说，“如果我们当时制造出一个巧妙的水合物收集装置，就再好不过了。”随着防漏罩被大量的浮力气体以及水合物和原油填充，操作人员失去了对防漏罩的控制。充满了可燃材料的防漏罩开始朝上部的油轮方向上浮，出现了另一灾难性的危险。幸运的是，操作人员重新控制住了防漏罩，避免了灾难的发生。6 月 3 日，小型顶帽式（top hat）收集装置就位，从一开始安装防漏罩时就注入甲醇，避免了发生水合物堵塞。

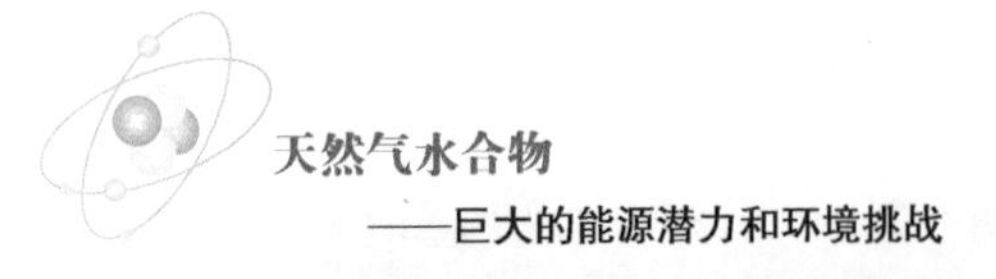

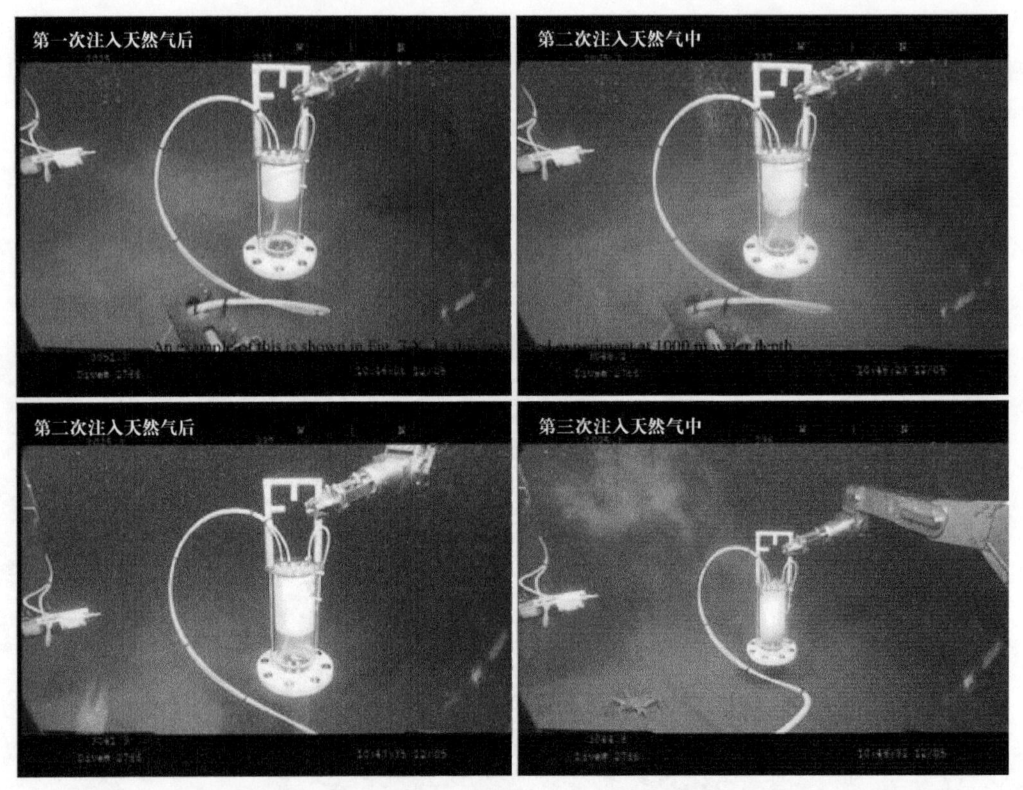

图 7.6 水下控制实验（水深 1000m，压强 10MPa，温度 4℃）（据 Hester et al.，2007）
向充满冰冷海水的玻璃容器中注入天然气，立即在气泡上形成水合物（图片来源：MBARI）。
图片充分说明 BP 防漏罩中的水合物生成机理

鉴于深水地平线灾难事件，政府和工业界开始资助研究水合物在未来防堵作业中的影响。大型石油公司组建了“海上油井防堵公司（Marine Well Containment Company）”这一非营利组织（http：//marinewellcontainment.com/index.php），并开始研发新型防漏罩系统以备不时之需。该公司近期推出一种临时防堵系统，能够处置 8000ft 水下 60000bbl/d 的石油泄漏量，并有将其提升至 100000bbl/d 的研发计划。这些防堵系统使用注射管线引入甲醇，阻止水合物的生长和堵塞。甲醇的作用机理将在本章后续章节中介绍。

7.2 水合物的生成和位置

生成水合物必须要具备低温高压条件，以及水和水合物客体气体。石油天然气开发的目标是生产烃类，其中含有能生成水合物的客体。石油天然气生产过程中经常伴有水的产出。在一口井的生命周期内，含水率不断增大。静水压力和管道流动驱动压力常能建立高压条件。外部环境（例如海底管线）或气体膨胀时的焦耳—汤普森（Joule-Thompson）效应能够实现低温条件。

在海洋中，管线长度可达几十千米。水深 500～1000m 范围内的海水温度稳定在 3℃

左右。在此温度条件下，一般的天然气只需 0.7MPa（约 100psi）就可保持水合物稳定状态。这一压力值比常规管道运行压力还要小得多。

图 7.7 为典型的海洋采油作业过程，包括油井、海底管线和采油平台（Sloan，Koh，Sum，2010）。大多数水合物产生于井口和采油平台之间。在出井口之前，较高的储层温度能防止生成水合物。

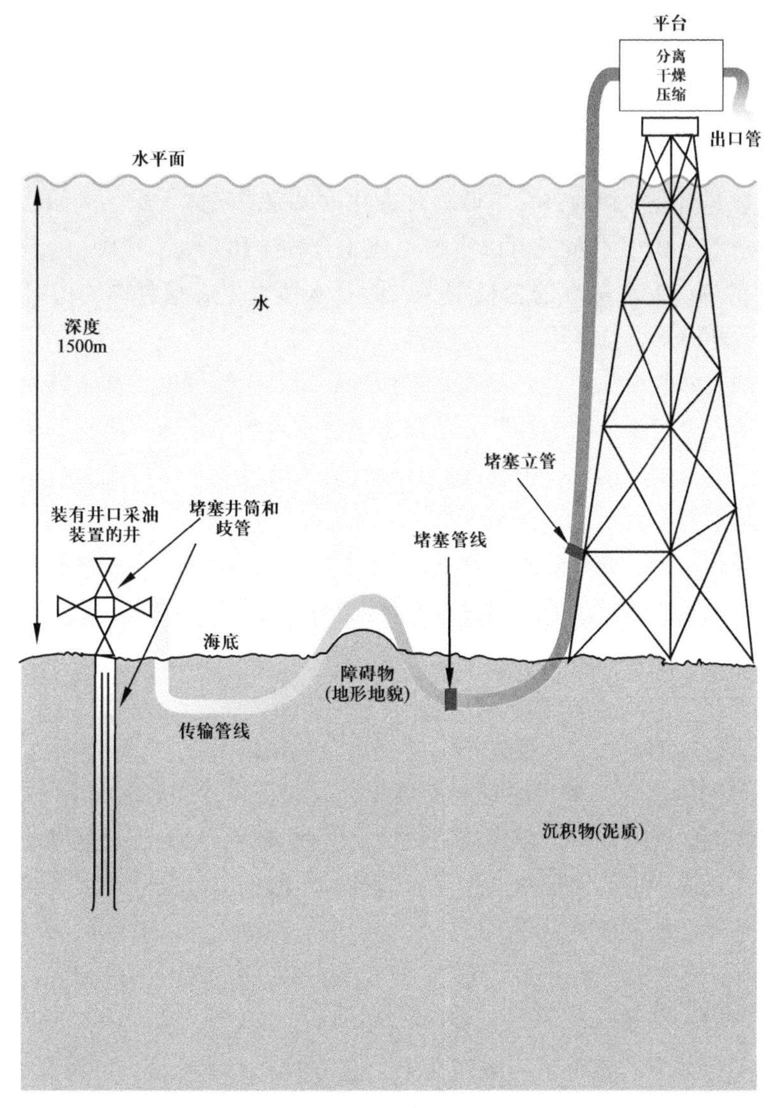

图 7.7　海洋采油过程中的水合物生成位置（据 Sloan，Koh，Sum，2010）

7.3　水合物预防方法

传统的预防水合物生成的方法主要分为三类：

（1）除水，即除去天然气混合物中的水分；

（2）温度控制；

（3）添加抑制剂。

某些情况下，降低环境和水流压力也是一种办法。但从经济角度来讲，这种方法通常是不可行的。降压法主要用于水合物堵塞后的补救和解除。本章主要关注水合物，管道中诸如蜡和污垢的形成会使水合物的问题变得复杂。

7.3.1 除水

从理论上讲，除水（脱水 / 干燥）是确保无法生成水合物的最佳方法，它消除了生成水合物的一个必要组分。目前许多工业处理方法可以完成气体干燥，例如乙二醇吸收、固体吸收、膜渗透等。由于水蒸气可以直接生成水合物（10^{-6} 级浓度即可），这种方法对干燥的要求十分苛刻。但水蒸气的含量很少，而且水蒸气生成水合物的稳定温度也会降低（图 3.13），导致此时水合物的生成较为缓慢。

对于特定的天然气流来说，必须非常谨慎地确定其干燥程度。基于露点来确定最大含水量的方法并不完全可靠，因为这些方法没有考虑水合物与水蒸气之间的相平衡关系。热力学模型也不一定准确。因此，根据露点指标计算天然气除水率可能无法达到要求。一个更合理的办法是根据经验来设定含水率。

人们对干燥技术已经非常熟悉，最大的挑战是如何实现大量天然气的经济处理。这个问题在偏远天然气生产地区、海洋作业以及如何连接井口与处理设施方面尤其突出。

7.3.2 温度控制

温度控制法通过加热来确保温度不会降到水合物稳定温度之下。实际上，水合物形成区域中的管线可长达数百千米，这时电加热或热液加热的方式都不现实。在水下生产时，一种缩小水合物生成区域的办法是埋设管线或将管线进行绝热处理。这种绝热方法可使来自井口的热液在管线中传输时保温。但是，持续数小时的停产就能导致管线流体冷却，达到水合物稳定条件。如果这时启动生产，水合物形成和堵塞的风险更大。

7.3.3 添加抑制剂

当加热和干燥的方法都不可行或经济上不合算时（不幸的是多数情况如此），可使用添加剂（抑制剂）来阻止水合物生成。在海底管线等环境中，抑制剂使用起来非常方便，因为这些地方本来就使用着其他添加剂（例如防腐蚀剂、防蜡剂）。

为了理解为什么抑制剂能有效阻止水合物生成，下面讨论其作用机理。从热力学的角度来看，系统的吉布斯自由能决定相态间的转变：

$$\Delta G=\Delta H-T\Delta S \quad (7.1)$$

为了阻止水合物生成（意味着将降低水合物在一定压力下的稳定温度），必须引入添加剂来增加系统自由能。这时，能量项 ΔH（焓）在使用添加剂之后仍保持相对不变。结构项 ΔS（熵）负责系统相位变换。

$$\text{天然气} + \text{水} \longleftrightarrow \text{水合物} \tag{7.2}$$

在给定的压力和温度下，如果添加剂打乱了水分子的结合方式和自身结构，则 ΔS 也将发生改变。无序排列的水分子增多会使 ΔS 变为负值，进而增大自由能。

最常用的抑制剂（例如乙醇、乙二醇）具有亲水性，它们本身可以与水分子形成氢键，干扰水分子的排序结构，达到降低水合物生成温度的效果。其他水合物抑制剂还包括氯化钠等盐类。但是盐会引起腐蚀和盐垢，不能在管道中使用。

上述抑制剂称为热力学水合物抑制剂，其作用机理为改变水合物稳定区域线。另外一类水合物抑制剂有着不同的作用方式：（1）推迟 / 减速水合物的生长；（2）阻止水合物黏结聚集形成堵塞。

将水合物抑制剂可简要地分为热力学抑制剂、动力学抑制剂、防聚剂等类型。

7.4　水合物抑制剂

7.4.1　热力学水合物抑制剂

热力学水合物抑制剂是一类化合物，它们与水混合时能够降低水合物生成温度。热力学水合物抑制剂的作用与冬季在道路上撒盐、在飞机上增加除冰物质（主要为 NaCl 和 $MgCl_2$）、在汽车散热器内添加乙二醇的效果十分相似。这些化学添加剂通过改变水的氢键来降低水的冰点，使冰在 0℃时不再稳定。选择不同种类的添加剂，可以获得不同的冰点降低程度。

表 7.1 为一些常用热力学水合物抑制剂的热力学性质。因为甲醇具有有效、廉价和容易获得的优势，常常被用于水合物堵塞（连续地向管线中注入的方式）的预防和解除（分解）。

表 7.1　一些热力学水合物抑制剂的主要性质

抑制剂	甲醇	EG*	DEG**
分子式	CH_3OH	$C_2H_6O_2$	$C_4H_{10}O_3$
相对分子质量	32	62	106
沸点（℃）	64.7	198	245
20℃时的蒸气压（kPa）	12.5	0.01	<0.01
熔点（℃）	−98	−13	−10

续表

抑制剂	甲醇	EG*	DEG**
20℃时的密度（g/L）	792	1116	1118
20℃时的黏度（cP）	0.59	21	35.7

*EG= 乙二醇 $HO-CH_2-CH_2-OH$。

**DEG= 二乙二醇 $HO-CH_2-CH_2-O-CH_2-CH_2-OH$。

乙二醇也是一种常用的热力学水合物抑制剂。从相对分子质量角度来看，一乙二醇（MEG）的效率最高。二乙二醇（DEG）更易获得且具有更好的天然气脱水效果。

抑制剂的作用效果用过冷度表示（水合物抑制剂添加前后的水合物生成温度之差）。图 7.8 为不同抑制剂的过冷度与液态抑制剂浓度的关系。如图所示，过冷度随着抑制剂浓度的增加而增大，抑制剂的需求巨大。如图 7.9 所示，实现 5℃的过冷度就需要甲醇液态浓度达到 5%（质量分数）。Hammerschmit（1939）提出了一个用于预测抑制剂浓度与过冷度的关系式：

$$\Delta T=K_{H}W/[M(100-W)] \quad (7.3)$$

式中，ΔT 是过冷度，℃；W 是液相抑制剂的质量分数，%；M 是抑制剂摩尔质量，g/mol；K_H 是与抑制剂有关的常数（甲醇和乙醇，K_H=1.297；乙烯乙二醇，$1.297<K_H<2.222$；二乙二醇，$2.222<K_H<2.427$；三乙二醇，$2.222<K_H<3.000$）（Carroll，2009）。式（7.3）的适用范围为：甲醇浓度小于 30%（质量分数），乙二醇浓度小于 25%（Hammerschmidt，1939）。

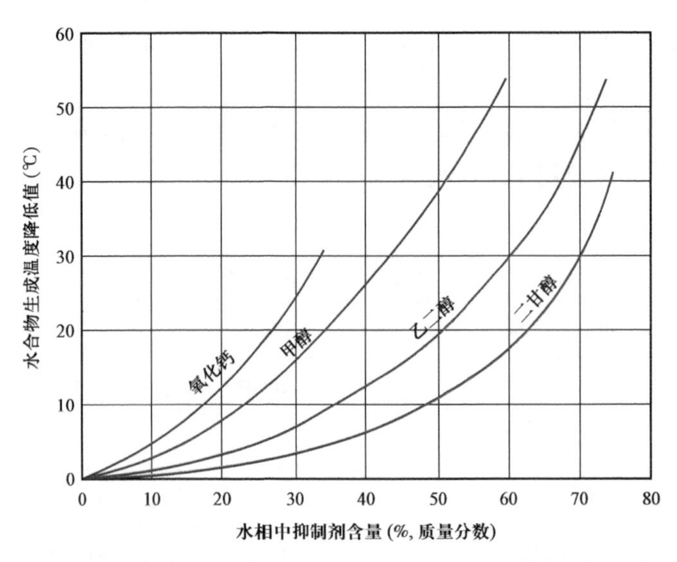

图 7.8　热力学水合物抑制剂浓度对甲烷水合物稳定性的影响（每条曲线的左侧为水合物稳定区）

Hammerschmit 方程在预测添加剂效果领域是一个很好的起点。此外，人们还发展了其他经验公式和更严格的预测方法（Carroll，2009；Sloan，Koh，2008）。需要注意的是，诸如式（7.3）等预测方程仅能计算过冷度。要想知道真实的水合物生成温度，还依赖不含抑制剂时的预测方法，因此使用这些经验公式时要注意这一点。

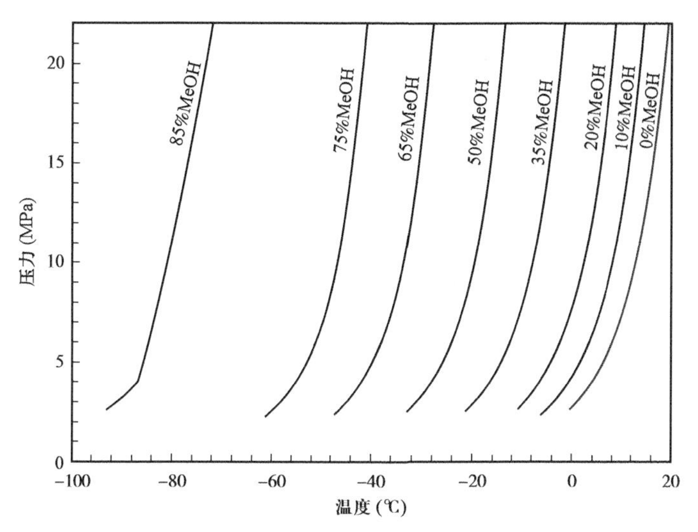

图 7.9　不同压力和温度下甲醇（MeOH）对水合物抑制的影响（据 Carroll，2009）
给定压力下的水合物生成温度随着液相甲醇浓度（质量分数）的增加而下降

由于甲醇具有低成本和效果好的优点，已被广泛用于油气开发井和输送管道之中。但甲醇也有缺点，首先是所需剂量过于巨大。一个小型至中型的海上平台每天的使用量就高达几十吨。此外，甲醇不仅易燃、易挥发，而且有毒、不易生物降解。甲醇的化学特性使它容易转化为烃类，而乙二醇等抑制剂则没有这个缺点。通常认为转化为烃类的这部分甲醇损失掉了，没有起到抑制水合物生成的作用。精炼厂对甲醇在烃类流体中的含量也有限制。当甲醇在烷烃中的含量高于 100×10^{-6} 时，对下游炼油工艺不利的影响非常明显。对于 LPG（液化石油气，主要成分为丙烷和丁烷），甲醇会引起共沸，无法使用蒸馏法分离。甲醇还能脱去石油中的防腐蚀添加剂。甲醇本身也有轻微的腐蚀作用，长期使用会引起腐蚀问题。

如前所述，离子固体（例如无机盐类）也能抑制水合物生成。盐水对水合物生成的影响作用可用 McCain 提出的一个关系式来近似描述（Mc Cain，1990）。该式的适用范围是：盐浓度不大于 20%（质量分数）、气体密度为 0.55～0.68。

$$\Delta T=AS+BS^2+CS^3 \tag{7.4}$$

其中

$$A=2.20919-15.5746\gamma+12.160\gamma^2 \tag{7.5}$$

$$B=-0.106056+0.722692-0.85093\gamma^2 \tag{7.6}$$

$$C=0.00347221-0.0165564\gamma-0.049764\gamma^2 \tag{7.7}$$

式中，ΔT 为过冷度，°F；S 是盐浓度，%（质量分数）；系数 A、B 和 C 是气体密度 γ 的函数。

在油藏生产的过程中，地层水的矿化度会不断增加，所以有必要评估矿化度的抑制作用。

石油公司和工程服务公司通常依靠实验测量来研究这类系统的性质。实验装置如第五章所示，有时利用更大的循环管路装置来模拟流体在输送管道中的特性。这些循环管路装置颇具规模，长度从几米到几百米不等。

下面介绍世界上一些用于水合物研究的循环管路装置。ExxonMobil 公司位于得克萨斯州的 Friendswood 循环管路装置（图 7.10）长度为 93m，内直径为 9.7cm（Turner et al.，2005）。安装在索莱泽（Solaize）的法国石油学院（IFP）研究中心的循环管路装置（图 7.11）长度为 140m，内直径为 5cm，可加压至 10MPa（1450psi）。挪威特隆赫姆（Trondheim）的 SINTEF 多相流实验室的循环管路装置更大（图 7.12）。SINTEF 还拥有一套车轮形循环管路装置（直径 2m），采用旋转的方式来模拟管线内的液体流动。塔尔萨大学的循环管路装置（图 7.13）位于俄克拉何马州的塔尔萨市，其内直径为 7.6cm，流道长 49m。这套循环管路装配在运动平台上，管路两端可上下倾斜 ±8°。

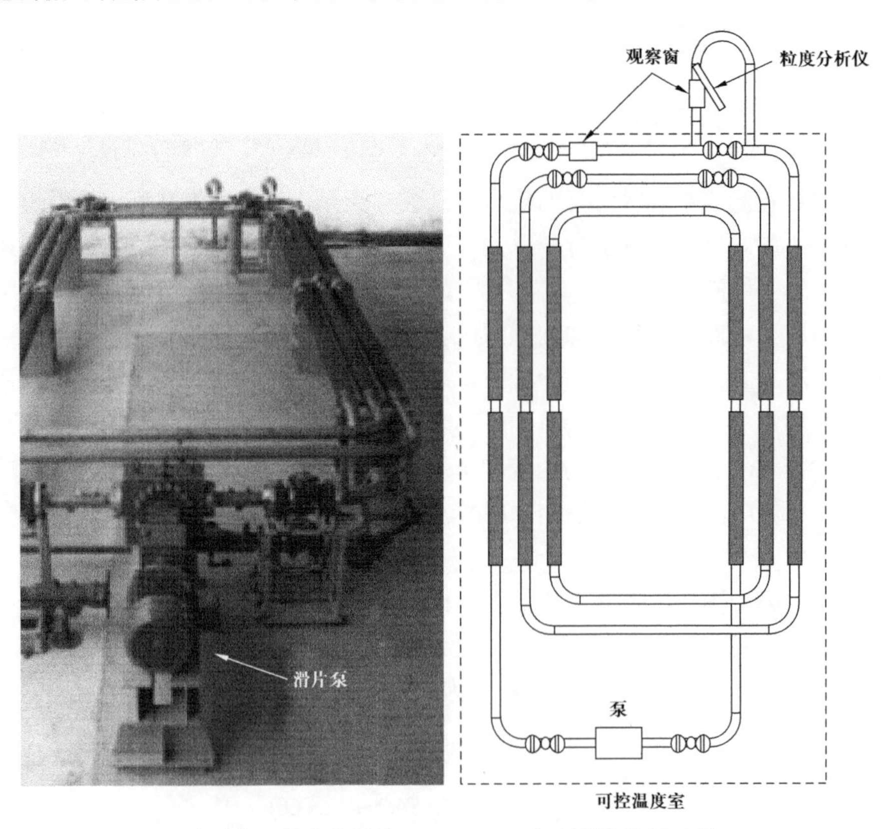

图 7.10 ExxonMobil 公司位于得克萨斯的 Friendswood 循环管路装置（据 Turner et al.，2005）
该设计占地面积较小，但总长度接近 100m

7.4.2 低剂量水合物抑制剂

甲醇和其他热力学抑制剂所需的剂量通常很大。人们自 19 世纪 90 年代早期开始研发新型水合物抑制剂。新型抑制剂依靠延迟成核、降低生长速度和阻止水合物聚集的方法来预防水合物堵塞，而不是从热力学原理出发来阻止水合物生成。

图 7.11　法国石油学院（IFP）研究中心的水合物研究循环管路实验装置（地点：里昂）

图 7.12　挪威特隆赫姆 SINTEF 多相流实验室的循环管路装置

图 7.13　塔尔萨大学的 49m 循环管路装置

这套装置加装了保温夹套，并对乙二醇进行循环冷却。运动平台可以将循环管路倾斜

相对于热力学水合物抑制剂，少量的这类新型抑制剂就非常有效，因此常称为低剂量水合物抑制剂（LDHI）。无论从经济性还是环境的角度来看，低剂量水合物抑制剂均有很大优势，工业界对其发展也具有浓厚的兴趣。

基于其阻止生成水合物堵塞的机制不同，LDHI 主要分为动力学水合物抑制剂和防聚剂。

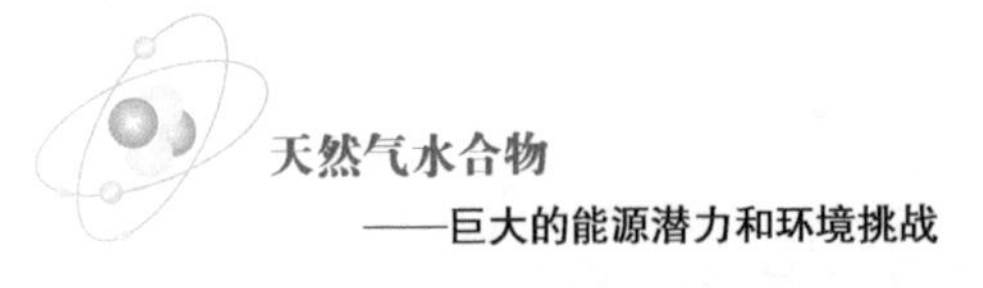

7.4.2.1 动力学水合物抑制剂

动力学水合物抑制剂（KHI）影响水合物生成的诱导时间，降低水合物生成速度。它们与水合物表面发生键合，阻碍水合物的成核与生长，目的是延长水合物的生成时间，使其大于水在水合物生成区域内的滞留时间。KHI 倾向于采用低分子聚合物，主链通常为聚乙烯（或聚乙烯基），侧链为极性基团（碳数 5～7 的氨基），如图 7.14 所示。

图 7.14 一些动力学水合物抑制剂的分子结构：包含一个高分子主链和多个极性基团侧链

目前，对 KHI 确切作用机理的认识还不十分透彻。一般认为，抑制剂与水合物接触时，极性基团与水合物表面不完整的晶笼发生相互作用（Hatwin，Moon，Rodger，2005）。高分子链在水合物表面上伸展，阻塞水合物继续增长（图 7.15），但是 KHI 并不能完全吸附在水合物上。

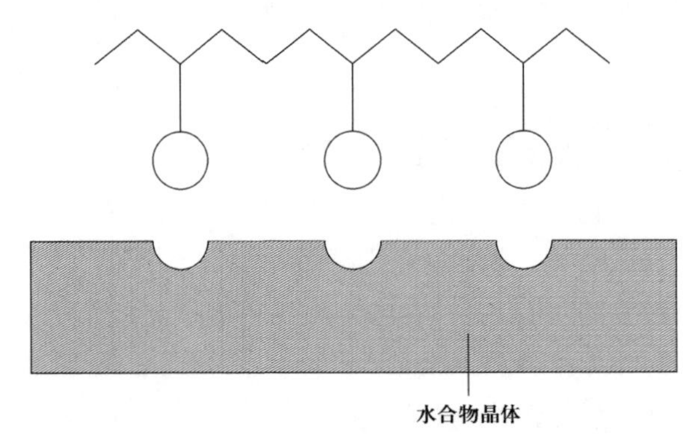

图 7.15 动力学抑制剂吸附在水合物表面

19 世纪 80 年代，科罗拉多矿业学院进行了很多 KHI 早期研究（Ledermos et al.，1996；Sloan，Koh，2008），引入了聚乙烯吡咯烷酮（PVP）和聚乙烯基已内酰胺（PVCap）

等，后来又陆续提出几种其他类型的防聚剂，常与其他协同材料组合使用。

KHI 的作用效果受过冷度小和阻滞时间短的限制。PVP 在过冷度小于 10°F 条件下的阻滞时间小于 20min。但是，更复杂的添加剂（例如 VC−713 和 PVAcap）可将过冷度为 18°F 条件下的阻滞时间延长至几天。KHI 的效果很大程度上受温度、压力和矿化度影响。水合物晶格结构也能影响 KHI 的效果。为 sⅡ型水合物研发的 KHI 不一定（很可能）对 sⅠ型水合物有效。

KHI 的单位质量成本通常高于传统热力学抑制剂，但不足 1%（质量分数，液态浓度）的 KHI 与 10%～60%（质量分数）的甲烷作用效果相当，这时 KHI 能节约 50% 的成本。

虽然人们对 KHI 充满热情和期待，但其效果有限，仍需继续寻找具有更大过冷度和更长阻滞时间的 KHI。因为在很多情况下（例如深水作业），要求过冷度超过 20℃。有报道称，BP 在北海利用 KHI 与防聚剂的协同效应来提高应用效果（Argo et al.，1997）。

混合抑制剂主要基于聚醚胺等化合物，再与高分子动力学抑制剂或热力学抑制剂同时使用产生协同效应，增强抑制效果（Pakulski，Szymczas，2008）。

7.4.2.2 防聚剂

防聚剂的原理是阻止水合物晶体粘连和（或）在管壁上沉积。这时形成的水合物颗粒的悬浊液可以在管道内顺利地流动（图 7.16）。防聚剂的目标不是阻止水合物生成，而是避免水合物生长变大而堵塞管道。

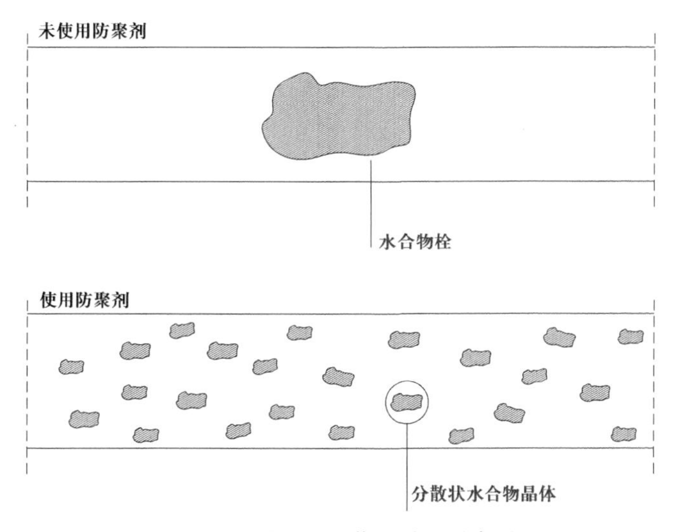

图 7.16 防聚剂的作用效果示意图

一般来说，防聚剂要能溶于油才能发挥作用。工业界对这类化合物的兴趣始于 19 世纪 80 年代，起初法国石油研究院（IFP）和壳牌（Shell）先后认识到了动力学抑制剂的局限性。

人们首先研究了经典表面活性剂（例如烷基磺酸化合物），随后转到更有效的其他类型防聚剂（例如季铵盐和鏻盐）。这里可以把防聚剂定义为：其结构包含两个或三个丁基或戊基短链，以及一个或两个长链（长度大于八个碳）（Klomp et al.，1995；Klomp，

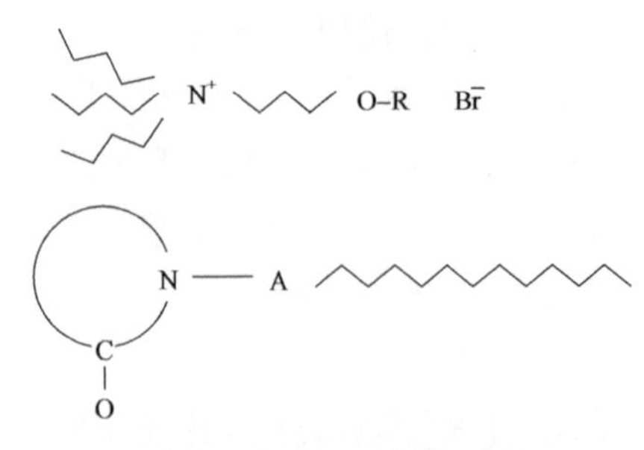

图 7.17 防聚剂的典型结构
上方的季铵盐包含三个短链（丁基和戊基）和一个碳原子数为 12～14 的长烷基链（R）

Rejnhart，1996）。其他作者研究的一些防聚剂具有与动力学水合物抑制剂相似的分子结构（图 7.17）（Huo et al.，2001）。

实际上，有效的防聚剂拥有一个亲水的（极性基团）头和一个厌水（烃基）的尾。在水合物开始形成时，它们作用于水和烃基之间的界面。烃相中的长尾位阻止水合物继续增长或水合物颗粒的聚集。

相对于热力学水合物抑制剂而言，这类抑制剂所需剂量要少得多，但多数被认为对环境有害，用量受到限制。

7.4.3 抑制剂的使用方法

一些石油公司开发了专门的软件来快速计算石油天然气设备中的水合物生成情况。通过编制算法可以计算出不同介质中的水合物形成热力学条件，给出如何以及何时使用抑制剂的建议。这些软件以各类添加剂的大量实验结果为基础，可以图形的形式给出适用的抑制剂种类。图 7.18 为典型 p–T 图，平衡曲线左侧为水合物可能生成区域。图中，中心区域（含平衡曲线）适合采用低剂量抑制剂（特别是防聚剂）；左侧区域，仅热力学水合物抑制剂有效；右侧区域，无须使用抑制剂。

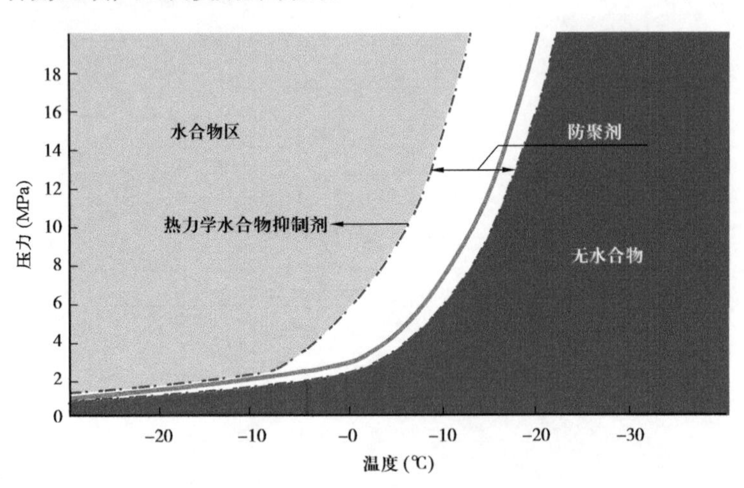

图 7.18 典型 p–T 图给出了低剂量抑制剂（防聚剂）的应用范围

7.5 水合物堵塞的补救与解除

一旦管道中形成了水合物堵塞，就必须尽快采取补救措施，以最大限度地降低经济损失。这时有很多方法可供选择，需要流动保障工程师根据具体情况选择最佳措施。如果水合物形成较缓而且液体仍能流动，则可以使用清管器（pig）。清管器（图 7.19）是清刮管道的工具，用于清除管道沉积（例如蜡），同样适用于水合物。此外，可选方法还包括注入抑制剂、加热法和降压法。这些方法可以组合使用，每种方法都有其潜在风险。加热时应注意防止压力过大而造成管道破裂和爆炸（图 7.20）。降压时（尤其是单侧降压）可能造成堵塞物在管道内像射弹一样运动（图 7.21）。注入抑制剂通常较为有效，但所需化学试剂数量很大。

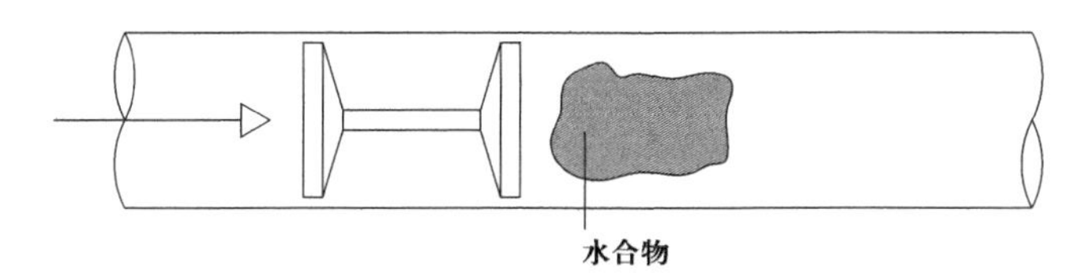

图 7.19　利用清管器清除管道内的沉积物（蜡和水合物）

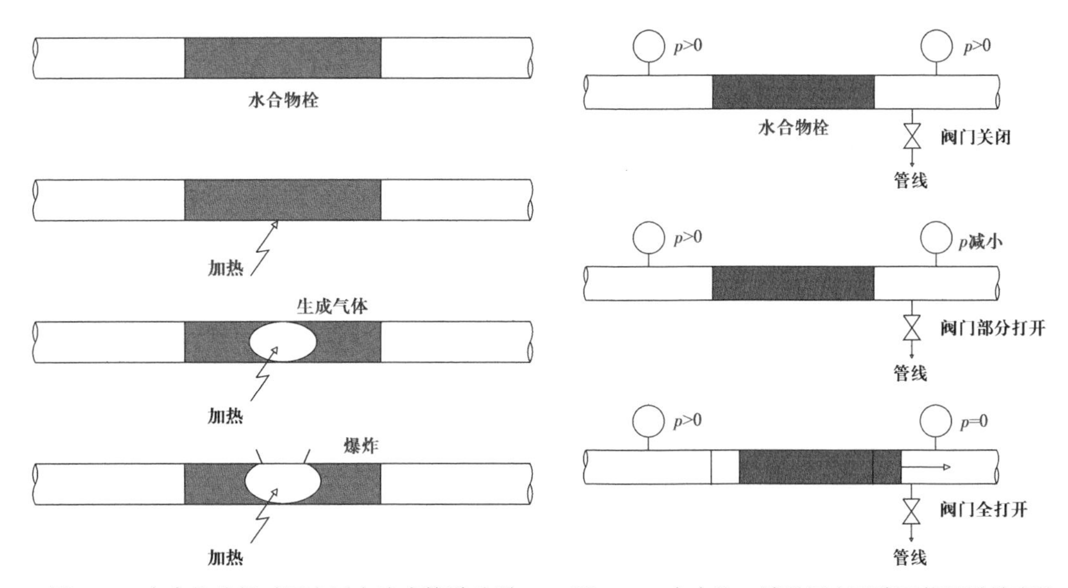

图 7.20　水合物分解时压力过大造成管道破裂

图 7.21　水合物一端的压力下降可能导致堵塞物弹射危险

参考文献

Argo C B，Blain R A，Osborne C G，et al.，1997. Commercial deployment of low dosage hydrate inhibitors in a southern North Sea 69 km wet-gas subsea pipeline//International symposium on oilfield chemistry，Houston，18-21 February 1997，SPE 37255.

Carroll J，2009. Natural gas hydrates：a guide for engineers，2nd ed. Oxford：Gulf-Elsevier.

Collett T S，Dallimore S R，2002. Detailed analysis of gas hydrate induced drilling and production hazards//Proceedings of international conference on gas hydrates 4，Yokohama，19-23 May 1997：47-52.

Hammerschmidt E G，1934. Formation of gas hydrates in natural gas transmission lines. Ind Eng Chem，26

(8): 851–855.

Hammerschmidt E G, 1939. Gas hydrate formation in natural gas pipe lines. Oil Gas J, 37 (50): 66–71.

Hawtin R W, Moon C, Rodger P M, 2005. Simulation of hydrate kinetic inhibitors: the next level. Proceedings of international conference on gas hydrates 5, Trondheim, 13–16 June, Paper 1048.

Hester K C, Dunk R M, Walz P M, et al., 2007. Direct measurements of multi–component hydrates on the seafloor: pathways to growth. Fluid Phase Eq, 261: 396–406.

Huo Z, Freer F, Lamar M, et al., 2001. Hydrate plug prevention by anti–agglomeration. Chem Eng Sci, 56: 4979–4991.

Kelland M A, 2006. History of the development of low dosage hydrate inhibitors. Energy Fuels, 20 (3): 825–847.

Klomp U C, Kruka V R, Rejnhart R, et al., 1995. A method for inhibiting the plugging of conduits by gas hydrates. International Patent WO 95/17579, 29 June, international application number PCT/EP94/04248.

Klomp U C, Rejnhart R, 1996. Method for inhibiting the plugging of conduits by gas hydrates. International Patent WO 96/34177, 31 October 1996, international application number PCT/EP96/01732.

Ledermos J P, Long J P, Sum A, et al., 1996. Effective kinetic inhibitors for natural gas hydrates. Chem Eng Sci, 51 (8): 1221–1229.

McCain W D, 1990. The properties of petroleum fluids. Tulsa: PennWell Books.

National Commission on the BP Deepwater Horizon Oil Spill and Offshore Drilling, 2011. Deepwater: the gulf oil disaster and the future of offshore drilling. US Government, January, http: //www. gpoaccess. gov/deepwater/index. html.

Pakulski M, Szymczac S, 2008. Twelve years of laboratory and field experience for polyether polyamine gas hydrate inhibitors//Proceedings of international conference on gas hydrates 6, Vancouver, 6–10 July 2008, Paper 5347.

Rojey A, Jaffret C, 1997. Natural gas: production processing transport. Paris: Technip.

Sloan E D, Koh C A, 2008. Clathrate hydrates of natural gases. 3rd ed. Boca Raton: CRC Press.

Sloan E D, Koh C A, Sum A K, 2010. Natural gas hydrates in flow assurance. New YorkL: Elsevier.

Turner D J, Kleehammer D M, Miller K T, et al., 2005. Formation of hydrate obstructions in pipelines: hydrate particle development and slurry flow//Proceedings of international conference on gas hydrates 5, Trondheim, 13–16 June 2005, Paper 4004.

第八章　作为能源的水合物

8.1　天然气水合物成为能源的原因

天然气水合物是一种潜在能源，对于全球能源长期需求（约 50 年）、政治地缘与国家能源安全具有重要意义。

天然气的储量（见第一章）十分丰富，随着新的勘探发现还在逐渐增长。根据目前的天然气消费量和产量的比率，天然气至少还能满足未来 60 年的消费需求，这还没有将煤层（煤层气）、页岩和致密砂岩等非常规天然气储量囊括在内。目前，由于缺乏本地市场或适当的运输方法，石油生产过程中伴生的大量天然气只能被迫烧掉或再次回注储层。世界上最大的常规天然气储量位于政治不稳定地区，控制这些储量国家的能源输出方式也不稳定，而大型消费国家（例如美国、加拿大和欧洲部分国家）的天然气产量肯定会在未来某天出现下降。此外，随着印度和中国等国家的经济增长，天然气市场需求量也在逐渐增大。那时，西方国家获得足够的天然气供应的难度更大，代价更高。

目前，海上长距离运输天然气时一般转换为液态形式，这种方式不但成本高（上游需要天然气液化设施，下游需要气化设施），而且易受攻击。陆上管道运输系统属于基础设施，同样易受攻击。如何防护油气管线和天然气液化设备（以及 LNG 罐）以避免受到恐怖袭击，仍然是个开放性问题。

天然气水合物的储量巨大，全球各大洋大陆架和陆地永久冻土区均有分布。无论陆上（加拿大、俄罗斯、中国和美国）还是海洋（美国、日本、印度和其他国家），水合物所在之处都是大型消费国和能源进口国。

天然气水合物归类为非常规能源。非常规能源的开发成本较高，而且需要特殊的开采技术。但是，许多非常规能源近年来也开始进入了可开发范畴。除了油砂和超重油，以前认为没有经济价值的页岩气和煤层气也已经成为重要的能源商品。解决水合物开发面对的各种挑战，必须更深入地研究油气藏的地质条件和性质。

对于一些国家来说，水合物只是未来几十年后的潜在能源。但日本等国家已经将其视为一种战略能源，并编制了在 10 年内实现商业开发的详细计划。

除了一些水合物研究的知名国家（加拿大、中国、印度、日本、韩国和美国等），其他国家（例如保加利亚和土耳其）也正在开展本国天然气水合物储量的评估研究。

8.2 理想水合物藏的识别

甲烷水合物可以在适当的环境条件（压力、温度、充足的水和天然气供应）中天然形成。然而，虽然世界上很多海洋环境都满足水合物稳定条件，但水合物却主要发现于大陆边缘和永久冻土区，因为这里才有足够的气体供应。在泥火山和气体冷泉等地质条件中也发现了水合物。关于自然界中水合物分布的更多信息见第六章。

天然气水合物的分布地和饱和度在很大程度上受沉积物本身性质的影响，这也是水合物藏种类繁多的主要原因。在黏土和淤泥中，水合物的饱和度通常较低（1%～5%，体积分数），在小型裂缝中偶尔能发现高饱和度水合物。天然气水合物优先形成于粗粒沉积物和砂岩中。较低的毛管压力有利于天然气的运移，并使水合物最终聚集于这些层位。粗粒砂岩中的水合物饱和度可高达80%（体积分数）。全球绝大多数水合物都分散在广阔的低饱和度区域。天然气水合物的经济性生产将优先选择具有中高饱和度的粗粒砂岩地层。

Modridis 和 Collett（2004）提出了一种简单的水合物藏分类系统，能够对特定储藏的水合物潜在产量进行一般性评价。

第一类（Class 1）水合物储层同时含有自由气和水两种组分，并细划分出两个子类（Class 1G 和 Class 1W）。Class 1G 型水合物沉积地层的剩余孔隙被天然气填充，是开发天然气资源的最佳储层类型。天然气水合物稳定区（GHSZ）内的 Class 1W 型储层的剩余孔隙被水填充，其适宜开采程度接近 Class 1G 型，但需要加热来防止在井眼附近再次生成水合物（Alp，Parlaktuna，Moridis，2007）。

第二类（Class 2）和第三类（Class 3）储层中均含有水。对于 GHSZ 下部地层，第二类储层下部地层含有可动水，而第三类储层下部则是一个不渗透边界（例如泥岩层）。这两类储层的质量不如第一类，但利用降压法开采也具有经济可行性（Moridis，Reagan，2007a，2007b）。

第四类（Class 4）储层为海洋沉积物中分散的低饱和度水合物。在全球范围内，这类水合物藏的天然气储量巨大，但储藏模拟表明，其产量和产气速率等经济指标比可接受值低两个数量级（Moridis，sloan，2007）。

8.3 水合物藏的天然气储量

自从自然界中发现天然气水合物那一刻起，人们就开始估算全球水合物中的甲烷储量。天然气储量的估算结果跨度为三个数量级，为 2.8×10^{15}～$8\times10^{18}\text{m}^3$（表 8.1）。

表 8.1　永久冻土区和海洋水合物中的甲烷含量

甲烷量（m^3）	资料来源
永久冻土带	
1.4×10^{13}	Meyer（1981）
3.1×10^{13}	McIver（1981）
5.7×10^{13}	Tromufik 等（1977）
7.4×10^{13}	MacDonald（1990）
3.4×10^{13}	Dobrynin 等（1981）
海洋	
3.1×10^{15}	Meyer（1981）
$3\sim5\times10^{15}$	Milkov 等（2003）
$5\sim25\times10^{15}$	Tromufik 等（1977）
125×10^{15}	Klauda 和 Sandler（2005）
2×10^{16}	Kvenvolden（1988）
2.1×10^{16}	MacDonald（1990）
4×10^{16}	Kvenvolden 和 Claypool（1988）
7.6×10^{18}	Dobrynin 等（1981）

这些估算结果的验证需要对天然水合物进行实地勘察研究。人们对水合物的认识基本来自钻探研究活动。综合大洋钻探计划（International Ocean Drilling Program，IODP）非常成功，包括 1995 年的 164 航次在美国南卡罗来纳州海域的布莱克海台、2004 年的 204 航次在美国俄勒冈州海域水合物脊、2005 年的 311 航次在加拿大温哥华岛海域的北卡斯卡迪亚大陆边缘。此外，还有很多大型海洋钻探项目，如墨西哥湾的 JIP 钻探计划、印度国家天然气水合物项目、中国在中国南海的钻探项目以及韩国的首次钻探。日本的水合物计划也在南海海槽（Nankai Trough）进行了水合物钻探。陆地钻探研究也加深了人们对天然水合物的认识程度，包括 2002 年和 2007/2008 年在加拿大马更些三角洲马里克（Mallik）的两次测试、2007 年在美国阿拉斯加北坡的埃尔伯特山（Mt. Elbert）的钻探。在马里克成功进行了首次天然气水合物生产试验。

人们已从根本上认识到，必须从传统石油系统角度来理解天然气水合物沉积。潜在天然气水合物生产区的勘探工作必须遵循现有的石油系统分析方法、探测和描述碳氢能源运移通道和储层条件（Riedel，2008）。

最近十年来，海洋和陆上冻土带水合物储层的真实测量结果（大部分来自钻探项目）帮助改进了水合物资源量估算结果。目前对天然气水合物中甲烷含量的估算结果收敛在

$2\times10^{16}m^3$ 附近，比传统天然气储量（$2\times10^{14}m^3$）大两个数量级。需要注意，上述结果指的是水合物中的原地甲烷储量。截至目前，还没有对全球水合物天然气可采储量的估算结果公布（Collett et al.，2009）。

美国国家研究委员会（National Research Council）（2010）和 AAPG 的 Collett 等（2009）对美国可采水合物潜力进行了估算。墨西哥湾天然气水合物中的原地甲烷量约为 $6\times10^{14}m^3$，其中 $190\times10^{12}m^3$ 属于相对高饱和度的砂岩储层。阿拉斯加北坡的可采水合物资源量为（0.71～4.5）$\times10^{12}m^3$（Collett et al.，2009），平均值为 $2.4\times10^{12}m^3$。

Collett 等（2009）给出了美国和世界其他水合物产出地的储量数据。世界各大洲都发现了天然气水合物。人们不只研究了美国天然气水合物，对日本和印度的海洋水合物沉积也进行了深入研究。2009 年，中国在青藏高原永久冻土区（深度 130～300m）发现了大型陆上水合物藏。

8.4 水合物中甲烷资源的金字塔

不同地质条件下生成的水合物藏的类型也不同。水合物储层类型又进一步影响天然气开采的经济性，其中储层的孔隙度起重要作用。准确地界定哪些水合物藏具有经济价值是当务之急。

Boswell 和 Collett（2006）提出一个水合物资源金字塔的概念，用以说明水合物藏类型和开发潜力之间的关系（图 8.1），并与传统天然气气藏进行了比较。Collett 等（2009）还提出了另外一种金字塔形式。这类金字塔（第一章中也给出了一个实例）常常用于强调不同天然气资源的储藏质量与可开采性之间的关系。

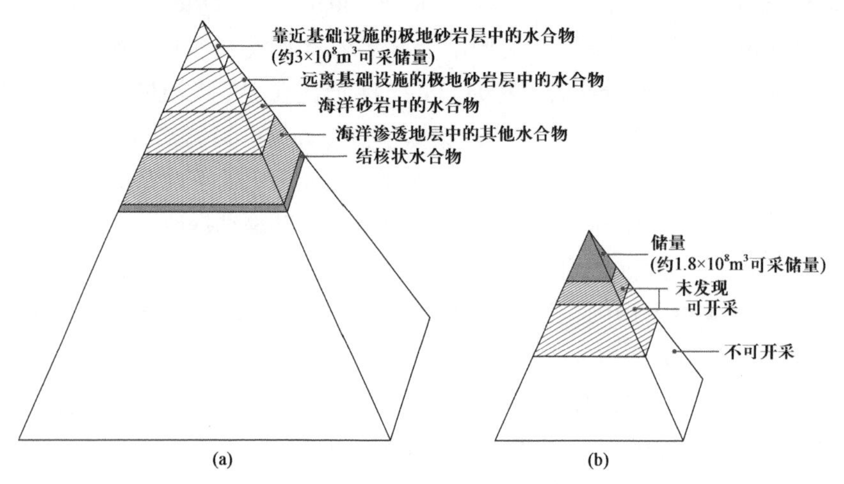

图 8.1 水合物（a）和其他天然气（b）的资源金字塔

最具开采前景的资源位于金字塔顶端。对于水合物来说，金字塔顶端代表质量最好的储藏，不但水合物饱和度很高，且靠近现有基础设施。这部分多为陆上永久冻土区的水合物藏，例如阿拉斯加北坡。金字塔顶端下方一级的水合物的储层质量略差，地质环境与顶端类似（例如陆上永久冻土区水合物），但远离现有基础设施。下一组水合物形成于海洋优质砂岩储层中，具有中—高水合物饱和度（图 8.2）。这类水合物藏的开发成本很可能会非常高，因为必须在一定深度的海洋中作业。这一类最好的水合物储层在墨西哥湾，靠近现有设施，其次位于日本南海海槽。

图 8.2　含天然气水合物的岩心（图片来源：印度 NGHP 01 航次，转自 Boswell 和 Collett，2006）

靠近金字塔底部的是块状水合物藏，具有很高的水合物饱和度，但经常出现在未胶结的低渗透黏土和淤泥地层。其中一些位于黏土中的裂缝地带，呈结核状或薄层状（图 8.3）。由于原位渗透率低等众多原因，以当前的技术水平开发这类水合物藏很有挑战。

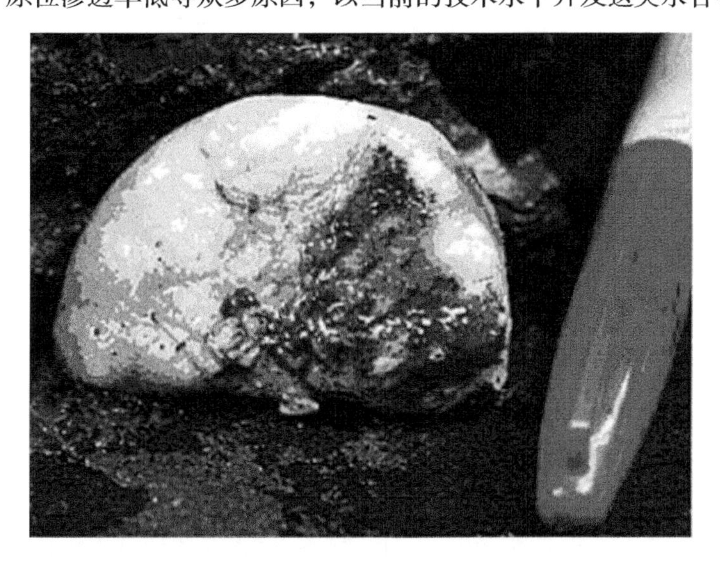

图 8.3　结核块状天然气水合物样品（图片来源：印度 NGHP 01 航次，转自 Boswell 和 Collett，2006）

另一类特殊的天然气水合物包含泥火山和底辟构造，由深层天然气上升形成直接裸露在海底（或覆盖一层薄沉积物）的块状水合物丘（图 8.4）。这类水合物处于动态状态，常见于墨西哥湾和各个活动大陆边缘。从这类地质环境中开发甲烷资源将十分困难，有两方面原因：一是安全原因；二是可能会对海上生态系统和环境造成破坏。

开发技术难度最大的资源其储量也最大，构成了金字塔的底部基础。虽然这部分水合物的资源量巨大，但分布却相当分散，饱和度也很低（<10%）。它们代表了最大的水合物储量，但却几乎没有产出天然气的可能。

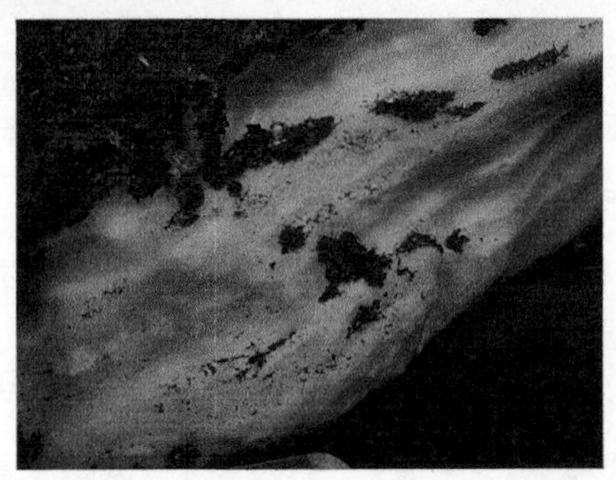

图 8.4　巴克利峡谷海底的天然气水合物丘（图片来源：MBARI）

许多国际研究项目建立了水合物藏（特别是沙层和砂岩层）开发潜力的优先顺序，目的是确定哪些水合物藏可以进行商业开采尝试。金字塔顶端是具有高水合物饱和度的连续储层，通常还具有面积大、储层条件优越和低成本的优势。

8.5　待解决的问题

近几年来，天然气水合物领域相关的科学技术迅猛发展。但是，如何将自然界的天然水合物与实验室内的测量结果建立联系，仍然是天然气水合物研究需要解决的基本问题。在实验室内，既无法重现自然界中的各类生成条件，也无法模拟水合物天然形成时经历的时间跨度。天然水合物非常复杂，其形成需要一个漫长的过程（几千年）。科学界仍在努力寻找生成天然水合物或其模拟替代物的方法。天然气水合物储层的地质力学等性质最难获得。此外，将实验室研究的水合物性质扩展到能源工业级规模还有很大难度。其中另一个难点是如何获得真实原始状态下的水合物岩心。在取心和回收的过程中，温度和压力的改变会造成水合物的分解和其他变化。水合物岩心常以传统的液氮方式保存，这样可使剩余的水合物保持稳定，但却严重改变了沉积物骨架结构，损失了原始剩余水合物饱和度的信息。保压取心技术（保持水合物岩心的储层压力条件）正在发展之中，有很好的前景（Parkers et al.，2009）。

基于对水合物的科学认识，工程师们有责任采用安全和经济的方法来开采水合物。在天然气水合物领域，科学家和工程师们常常密切合作，两类专家之间的差别正逐渐缩小。Max 等（2006）认为，天然气水合物商业的开发必须解决如下问题：

（1）能利用远距离探测技术更好地识别和描述天然气水合物藏；

（2）能准确计算给定水合物藏的天然气可采储量和产气速率（后者更关键）；

（3）安全和环境问题；

（4）发展生产和开发技术；

（5）降低科研、开发和生产成本。

前两点指出，水合物开发的最大问题之一是水合物沉积的分散性和低渗透性。此外，大量水合物沉积物的机械强度无法支撑商业生产。这种条件下，远距离探测技术（例如地震勘探中的似海底反射）无法预测水合物的储量和质量，甚至无法识别水合物藏的存在（Pecher，Holbrook，2003）。

开发天然气水合物涉及的安全和环境问题包括：局部地质环境突变和可能的甲烷气体释放（National Research council，2010）。开采过程中，地层的机械强度可能会急剧下降，甚至不足原来的 1/4。当水合物起着胶结岩石颗粒和支撑骨架整体强度作用时尤其如此，有可能造成地层下降甚至海底滑坡。工业界正在仔细评估可能存在的风险以及对环境和安全造成的影响，目标是能够安全地从水合物藏开发天然气，即不产生大规模的甲烷气体释放、不破坏海洋生态系统、不造成有害的海底下降坍塌。

开采天然气水合物可以借鉴传统石油天然气的开发技术。永久冻土区水合物开发技术与传统天然气几乎相同。海洋天然气水合物则需要研发新技术和新手段。由于海洋水合物更加复杂，陆上水合物开发技术在海洋条件下的应用研究已经启动。此外，还不能忽视海上天然气的处理和运输问题。下面是一套水合物商业开发的可行技术路线：

（1）通过基础研究对天然气水合物藏进行描述和评价；

（2）准确评估原地天然气水合物饱和度和天然气可采储量；

（3）确定经济可行性；

（4）利用测井和生产测试来确定水合物富集区；

（5）发展天然气的抽采、处理、存储、运输等工业技术。

8.6 如何从水合物中开采天然气？

可以预见，第一次从天然气水合物中开采甲烷时，会先从具备公路、天然气处理设施和运输管线的地区开始，同时依靠现有的石油和天然气开发设施。

从技术层面讲，还会利用石油和天然气开发中的成熟钻井和完井技术，同时针对甲烷分解采取特定开采策略。水合物通过分解来释放甲烷，实现的方法有降低压力（降压法）、加热储层（热激法）或注入抑制剂改变水合物稳定线。这些方法也可以组合使用，最佳方案需要根据当地环境和经济性来确定。

8.6.1 降压法

降压法是在原地分解水合物最简单和最廉价的方法。降压法也是传统天然气生产所采用的方法，在很大程度上可以借鉴传统石油和天然气开发中的现有技术。当水合物储藏下方含有自由气层时（例如第一类储层），这种方法可以直接适用。最简单的降压开采方案如图 8.5 所示。储层压力降低造成水合物分解，产气层位于 GHSZ 的下方，逐渐释放的甲烷正好作为补充气源。

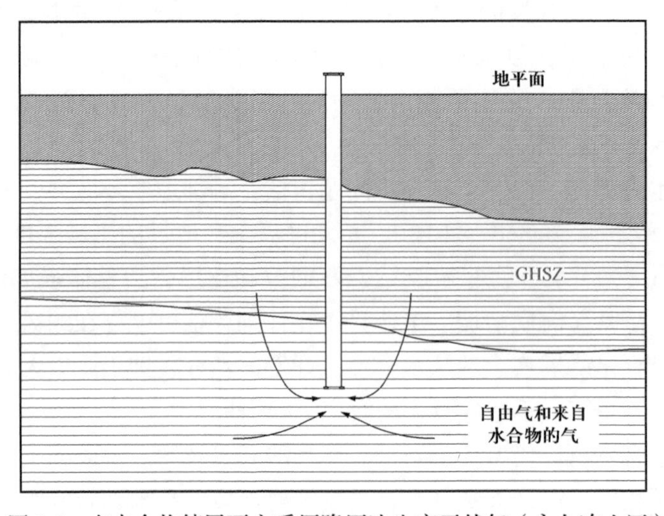

图 8.5　在水合物储层下方采用降压法生产天然气（永久冻土区）

西伯利亚的麦索雅哈气田开采天然气所采用的正是这种方法，那里 19 世纪 60 年代时发现了天然气水合物。目前已经确认，麦索雅哈气田 1969—1979 年间生产的天然气来自水合物分解（Collett，Ginsburg，1998；Collett，2003；Makogon，1997）。该气田由两类地层构成，天然气能在两个地层之间运移，如图 8.5 所示。上部地层含有水合物（厚 24m）；下部地层含有自由气，初始压力为 7.8MPa（1130psi）。随着天然气的不断开采，地层压力在 2～3 年内慢慢下降，规律十分明显。随后，由于水合物又不断分解释放天然气，地层压力逐渐达到稳定。客观估算，麦索雅哈气田产出的天然气中有 36%（约 $50\times10^8m^3$）来自水合物。

利用降压法开采海洋水合物时的情况如图 8.6 所示，同样利用开采天然气降低储层压力。水合物分解将逐渐产生新的天然气补充至开采区域。这种作业方式需要水合物储层下方有自由气与之接触。需要注意，水合物分解为吸热过程，要从周围吸收热量，所以周围地层温度会随水合物的分解而降低。储层压力要下降到更低温度对应的水合物稳定压力时，水合物才会继续分解。

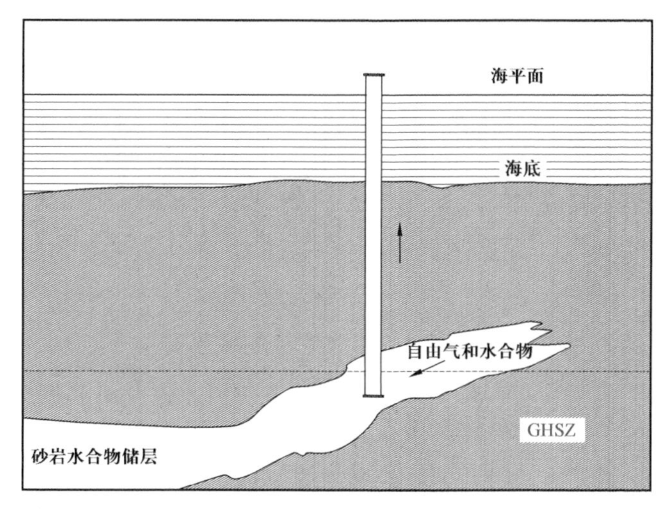

图 8.6　采用降压法开采海洋水合物

利用降压法开发水合物时，冰和（或）天然气水合物的二次生成（尤其在井眼周围）可能会阻碍生产，这需要控制压力下降速度（地层的开发强度）或引入外部干预措施（例如给井眼周围加热）。

8.6.2　热激法

热激法利用热源增加储层温度来分解水合物，可与降压法联合使用。热量由注入的热流体（例如盐水或蒸汽）或电加热提供。注入的流体可以用附近油气作业中回收的热能来加热。注入的流体也可以是海面的温暖海水，温度至少要在 18～20℃，如图 8.7 所示

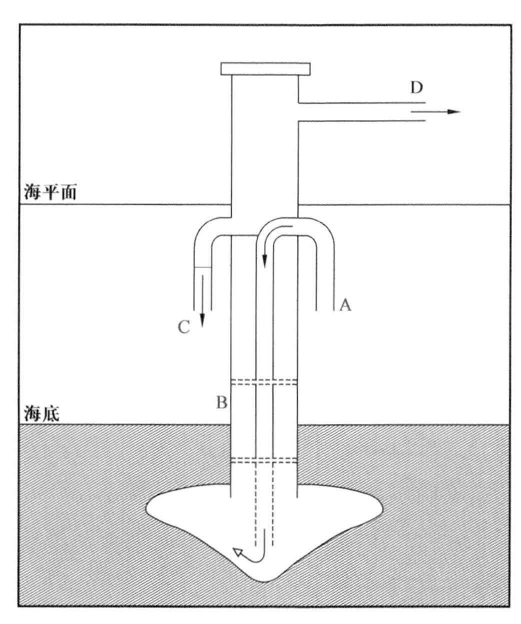

图 8.7　利用在管 A 注入温水、在环空 B 中产出天然气的方法开发水合物

（Elliott，Barraclough，van der Bourgh，1984）。将20℃的温水通过管A泵入水合物储层使水合物分解，环空B中的盐水将甲烷气泡带回地面。这种形式的甲烷气很容易在管D内完成分离并输送到地面，而用过的流体通过管C排出系统。这项专利提出的处理过程无须耗费额外的能量（Elliott，Baraclough，van der Bourgh，1984）。

蒸汽注入需在井口实施，当储层具有较高渗透率和孔隙度时才可行。这项技术需要消耗大量的能源（Sawyer et al.，2000），经济性不好，但当有地热资源可以利用时是一个选择。

注入热盐水（例如 $CaBr_2$ 或 $CaCl_2$ 饱和溶液）的效果要优于纯水，因为热盐水可作为水合物抑制剂降低水合物稳定温度。盐水可在压力下注入，在井眼周围形成一个不冻区。注入的热流体可取自一口或多口井。作业时，由注水井将热流体注入地层，由生产井采出甲烷气（图8.8）。热量还可通过井下原地燃烧的方式提供。在注入井中，以可控的方式使烃类燃烧，产生的热量使甲烷水合物分解，在另一口生产井中采收甲烷气（图8.8）。电加热和微波等热源方式也在开发之中。

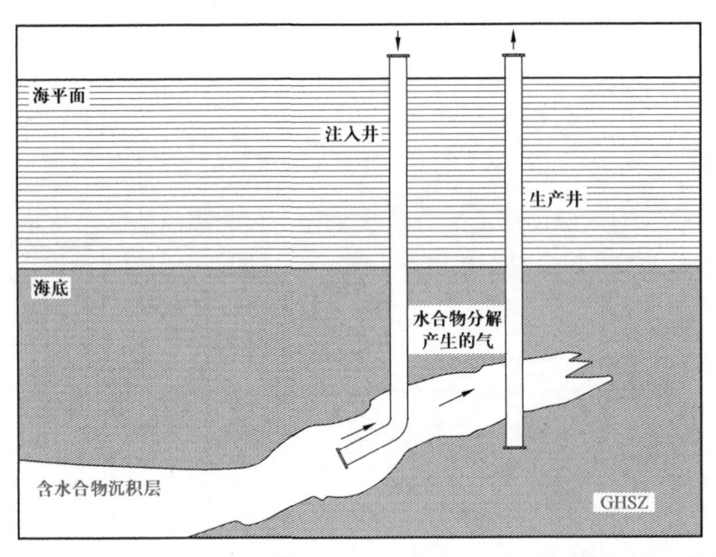

图8.8　利用热激法从水合物中开采甲烷（在没有自由气与水合物接触时需要使用热激法）

8.6.3　抑制剂法

注入抑制剂也可以引起水合物分解，这种方法常与降压法和热激法等生产技术组合使用。抑制剂可以选择传统管道流动安全保障使用的甲醇和乙二醇（见第七章），也可选择氯化物和溴化物等离子溶剂。抑制剂能够打乱水分子的化学键，起到降低水合物稳定温度的作用。这种方法曾在麦索雅哈气田和马里克的首次生产试验中尝试过。虽然抑制剂能引起水合物分解，但它有很多缺点。抑制剂可能会破坏环境（尤其是海洋生态系统），其成本和腐蚀性问题也不容忽视。此外，抑制剂需要足够的液态浓度才能发挥作用。水合物中水的比例占到86%（摩尔分数）左右，水合物分解产生的水会使抑制剂快速稀释和失效，故需要巨大的注入量。

当前研究显示，在大多数情况下，降压法的效率最高，是开发水合物中天然气的首选方法。在某些情况下，降压法和热激发组合使用效果更好。

8.6.4 其他生产技术

除了上面介绍的三种方法之外，还有一些非常规方法可用于开发这种非常规资源。其中一种方法提出将气体通过管道注入天然气水合物储层（图 8.9）。注入气体产生的气泡向上流动将甲烷水合物举升至地面（Ohta et al.，2002）。另外一种方法提出将 CO_2 注入水合物储层。因为 CO_2 更易形成水合物相，可将甲烷置换出来，同时实现甲烷天然气能源开发与 CO_2 埋存。

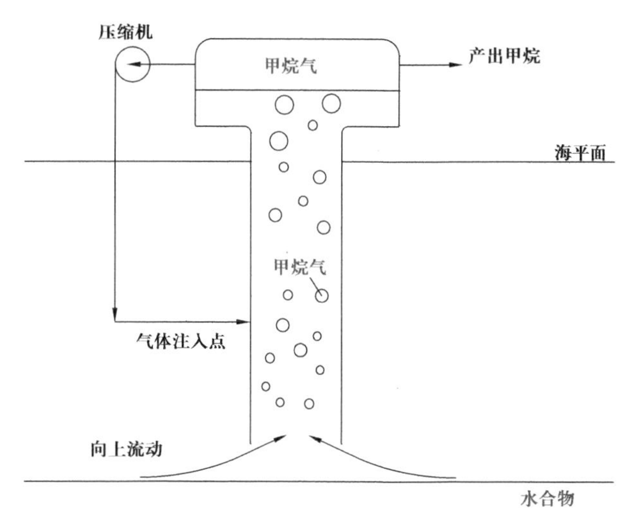

图 8.9　利用气体举升技术开发水合物中的甲烷气

例如，通过降低产出流体的密度来形成上升的流动

8.7 天然气水合物生产的国际项目

8.7.1 陆上永久冻土区

自然界中的水合物是 1961 年 7 月在西伯利亚发现的，虽然官方宣称的是 1969 年。西伯利亚永久冻土区富含水合物（Kuznetsov，2000）。19 世纪 70 年代，首次水合物甲烷开采发生在麦索雅哈气田传统天然气开采的正常作业过程中，这出乎人们的意料。科学家和工程师们根据储层的异常压力变化判断，生产出的天然气中确实有来自水合物的贡献。

麦索雅哈气田开采水合物甲烷气的意义重大，它引发了人们对开发水合物能源的研究兴趣和第一本关于水合物的现代书籍的出版（Makogon，1974）。直到 30 年后，人们才进行了针对天然水合物甲烷气开发的首次试验。事实上，马里克井的首次试验是在 2002 进行的，这口井位于加拿大北极圈内的马更些河三角洲（Mackenzie River Delta）内的理查德岛（Richard Island）。本次测试选择了陆上永久冻土区上的一个位置，此处的水合物资源对应于图 8.1 中金字塔的顶部。

马里克试验首次对水合物储层进行了详细研究，并对单纯来自水合物分解的产气速率和产气量进行了研究。马里克地区的水合物发现于 1972 年，这里还有油藏（2.10×10^8t）和气藏（2800×10^8m^3）。然而，由于没有输送管线，传统天然气和水合物都没有得到开发。

1998 年，一项水合物甲烷气的钻井开发测试项目再次来到马里克地区。这个项目是日本国家石油公司（JNOC）和加拿大地质调查局（Canadian Geological Survey）联合项目的一部分，日本石油勘探公司（JAPEX）和美国地质调查局（USGS）也参与其中。2001 年，印度和其他国家也参与进来。储藏描述结果显示，马里克地区是水合物甲烷气开发试验的理想地。马里克地区的水合物储层结构与日本海域的水合物储层非常接近。

2001—2002 年冬季，共有 3 口试验井钻入深度 1150m 的水合物储层，分别是 1 口生产井和 2 口观察井。调查发现，该储层具备 1100×10^8m^3 天然气的生产能力。天然气水合物主要填充在砂岩储层的孔隙中，水合物饱和度为 50%～90%（体积分数）。此次使用降压法和热激法进行了两次周密计划的生产试验。两次测试都从水合物中成功地生产出了天然气，对生产方法和商业开发可行性进行了评估，同时可为其他井位提供依据（Mroz，2004）。

试验表明，采用简单的降压法就足以从水合物中开采出天然气。热激法（约 50℃的温热钻井液）能帮助改善产气速率。首次测试属于科学试验性质，没有打算以商业产气速率进行开发。在有限的测试时间内，共产出 500m^3 的天然气。由于当时不具备储存和运输条件，对这些天然气做了点燃处理。

5 年后，加拿大和日本的研究人员利用简单降压技术进行了第二次为期较长的测试。这两次冬季研究项目在 2008 年 4 月成功完成，在人类开发利用天然气水合物资源的道路上迈出了关键一步（Yamamoto，Dallimore，2008）。

为了连接因纽维克（Inuvik）和马里克井场，在马更些河和波弗特海（Beaufort Sea）上修建了一条冰上公路用于移动钻井平台等设备。通过降低水位并将水回注到 GHSZ 下方的蓄水层中来降低储层的气体压力（图 8.10）。

经过 6 天的连续作业，井下的压力条件达到了稳定，地表也获得了稳定产出流量。产出的天然气量约为 13000m^3，连续流量范围为 2000～4000m^3/d。这项生产测试验证了降压法的正确性。图 8.11 为 2007 年 4 月拍摄的马里克井场照片。

马里克项目证明了开采水合物中的天然气在技术上是可行的（至少在砂岩为主的储层中可行），提升了陆上永久冻土区水合物能源的开发潜力。永久冻土区未来的天然气水合物开发可能要取决于北极北部是否会建设天然气管线，以便将天然气输送到加拿大和美国市场。由于当前没有足够的天然气运输办法，甚至传统的天然气也无法外运，所以采出的天然气大部分被注回地层以保持储层压力。除马更些三角洲以外，阿拉斯加北坡也是发现油藏、气藏和水合物藏的绝佳地区（图 8.12）。

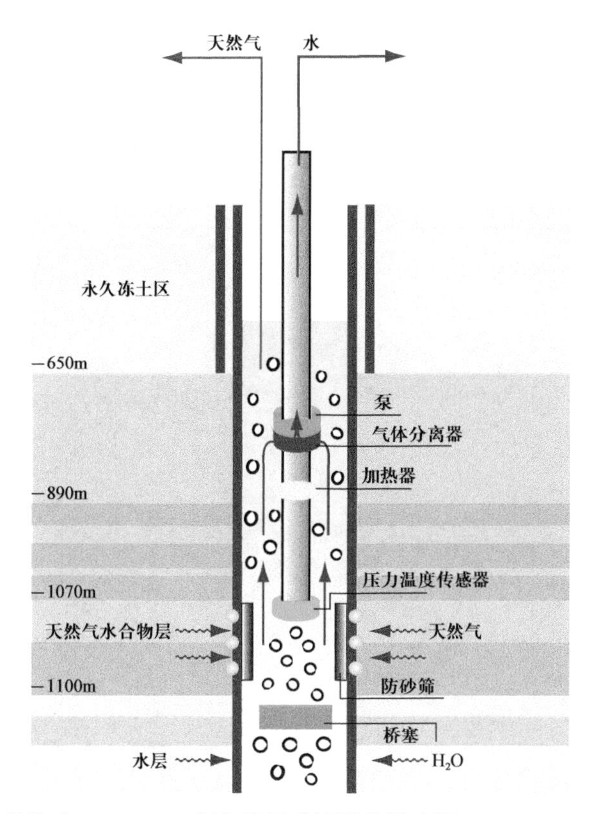

图 8.10　马里克井位（2007—2009 年）降压系统示意图（据 Yamamoto，Dallimore，2008）

图 8.11　2007 年 4 月的马里克井场（据 Yamamoto，Dallimore，2008）

为了建造更加绿色的开发平台，在阿拉斯加北坡进行了采样、井位分析和钻井作业分析。毛勒（Maurer）和阿纳达科（Anadarko）公司的联合工业项目（JIP）研究了可在薄冰上工作的塔式平台和特殊交通工具，以降低对环境的破坏。这种结构更加灵活，具备很好的潜在推广价值。2003 年 2 月，平台安装完成并立即投入运行，实现了对大气层的零排放。在临时不用的季节里，该平台也不会对周围的动植物产生很大影响。这项计划的宏伟目标不仅限于水合物开发应用，还研究了将永久冻土区作业窗口从每年 3～4 个月增加至 9 个月以上的可能性。

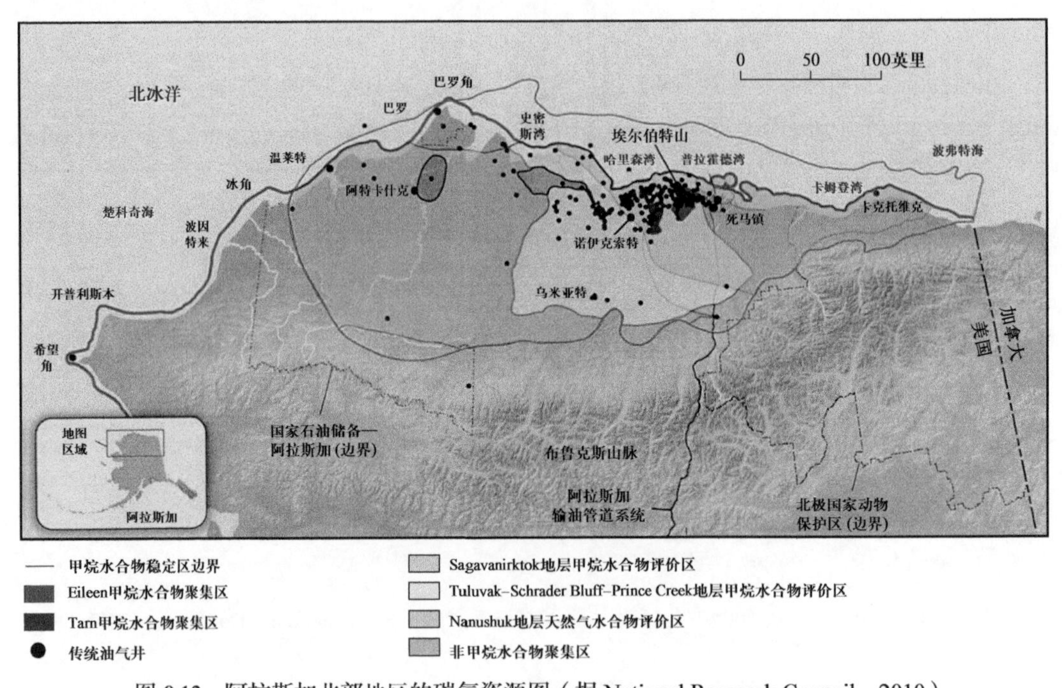

图 8.12 阿拉斯加北部地区的碳氢资源图（据 National Research Council，2010）

8.7.2 海洋

最大的水合物储量位于海洋环境之中。水合物想要成为一种真正的未来能源，必须对这部分储量进行开发（表 8.2）。因此，发展海洋水合物的开采和生产技术是头等要务。

日本计划在 2020 年实现水合物的商业开采目标，因此十分注重这类技术的开发。日本的开发目标是南海海槽的大型水合物藏，位置在日本群岛以东、名古屋东南、东京湾西南。日本的化石燃料能源 100% 依赖进口，故十分热衷于水合物的开发。为了增进能源安全，日本于 1995 年积极启动了天然水合物研究与评估计划。这项世界最大的国家级水合物项目有很多国际合作伙伴，他们还共同参与了马里克和墨西哥湾的工作。1999 年，南海海槽的现场评价确认海洋沉积物中存在着高饱和度的天然水合物。虽然水合物储层不是很厚，但其面积却很大。2001 年，日本启动了一项为期 16 年的战略勘探计划（HETI），目标是为日本提供商业水合物能源。该项目投入超过 1 亿美元，参与者多达 250 余人和 30 多个机构（Tanaka，2003）。

表 8.2　海洋中的水合物可采储量分布

地区	面积（km^2）	深度（m）	储量（m^3）	浓度（m^3/km^2）	水合物饱和度（体积分数）(%)
水合物脊（美国）	375	700～1000	9×10^9	2.4×10^7	1～40
墨西哥湾（美国）	23000	440～2500	$(8\sim11)\times10^{12}$	$(3.5\sim4.8)\times10^8$	20～100
布莱克海台（美国）	26000	1000～4000	2.8×10^{13}	1.1×10^9	2～14
南海海槽（日本）	32000	700～3500	6×10^{13}	1.9×10^9	10～30

世界上其他地区的水合物藏也开展了大量研究工作，例如美国西北部的俄勒冈海域、墨西哥湾。这些研究在考虑了采出天然气的处理和运输需求的基础上（Alexander et al.，2004；Naredi et al.，2004），评估这些水合物藏的开发可行性。其中一些研究成果已推广应用至其他中等水深（700～1000m）的海洋条件下。普通的固定式平台、锚式和浮式支撑结构的平台都面临着经济性的挑战。水合物的开采十分复杂，很难证明水合物藏与油气藏是否相关。

水合物藏的性质特殊，覆盖面积较大，而且位于浅—中水深范围（<900m），移动式海上生产平台更适合作业。将多个生产井利用多功能复合系泊系统连接，海底设备则通过远程遥控马达控制（图 8.13）。其主要部件为与支撑平台连接的“脐带”和天然气输送管线。开采出的天然气可送至浮式生产储油轮（FPSO）处理。FPSO 上的储气罐可临时存储天然气，也能将天然气卸载至岸上。

图 8.13　移动式钻井设备（图片来源：Aromenti Esso，2006）

人们在墨西哥湾的许多区域都发现了天然气水合物的存在。在距离路易斯安那州和得克萨斯州 500km 的一处海域的海底还发现了水合物丘（Sassen，Losh，Cathles，2001）。这里已有几千口传统石油和天然气井钻穿了水合物稳定带，但直到 2004 年才确认在深部砂层存在高饱和度的水合物资源。2004 年，雪佛龙（Chevron）在虎鲨（Tiger Shark）地区钻井时发现了饱含水合物的厚砂岩储层（Boswell et al.，2009）。

美国能源部资助的联合工业项目（JIP）正致力于收集墨西哥湾的天然气水合物藏数据，并研究最适合该地区的天然气水合物开采技术。项目的主要参与者包括美国、印度、法国、韩国和挪威的大型石油公司，以及日本的水合物协会。2005年，该项目第一阶段重点研究了天然气水合物对钻井的危害。这一阶段获得了地下热通量、矿化度、地层学和地球化学的信息，这些信息同时也用于评估海洋水合物的资源潜力。2009年，一次历时21天的考察确认了在3个站位中至少有2个存在含高饱和度水合物的砂岩储层。

由于海洋沉积物中的水合物饱和度较低、驱动压力也较低，通常认为其生产能力很弱。只有采用大量的低成本开发井才能建成浅水域生产能力。从海底天然气水合物中采收天然气的方法集成了许多新的概念（Zhang，Brill，Sarica，2008）。

释放的水合物或自由气可用顶部的接收装置捕获（图8.14）。采用电加热手段给储层加温并融化水合物，产出的天然气在接收装置中聚集，并以水合物的形式运送到海面上。事实上，向上运动的天然气与低温海水接触，在运动的过程中就能在接收装置内形成水合物。这种方法不需要泵、油管和海底管线，而且没有流动安全的问题。这样一来，利用低成本技术建造大量生产井就能满足开发的需要。

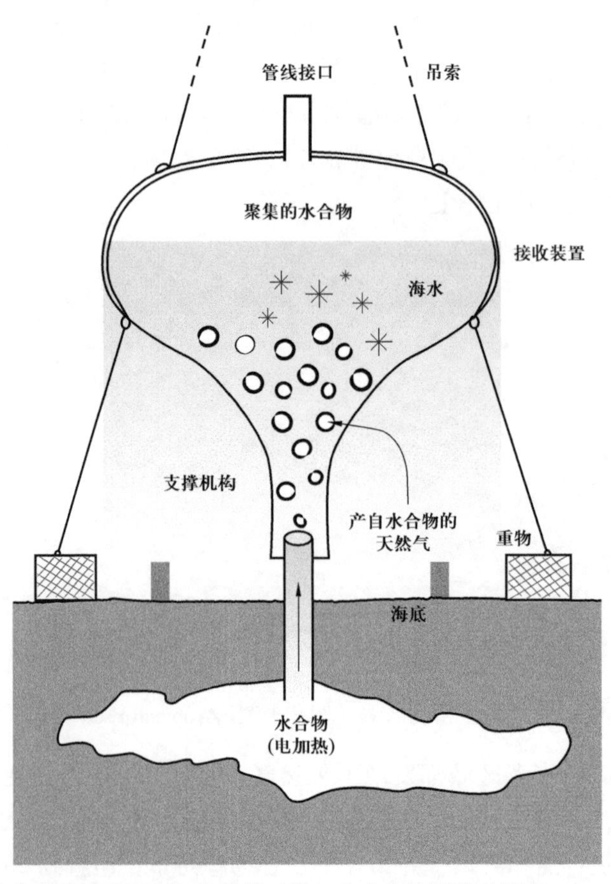

图8.14　采用顶部接收装置捕获来自加热井的天然气和水合物颗粒（据Zhang，Brill，Sarica，2008）

8.8　产出天然气的处理和运输

虽然水合物具有压缩甲烷的作用，但水仍然是它的主要成分。开发生产甲烷水合物的同时会产出大量的水和湿气。在某些地区，产出的天然气中含有可观的CO_2、H_2S以及高碳烃。根据天然气运输方式的不同，可能需要直接在海上平台完成某些预处理工作，例如脱水、脱硫、高碳烃分离（Rojey，Jaffret，Cornot-Grandolphe，1997）。

天然气可以多种方式从生产平台向外输送（见第九章）。其中，管线输送是最好的方法，但在许多井场条件下都无法实现。天然气液化、压缩和合成油等技术正在研发之中。将天然气转换为水合物的形式来运输也是一种经济和实用的方法，这种方法也在研发之中，第九章将详细叙述。将产出的天然气再转变回水合物的形式几乎不需要预处理。

天然气的运输是在海上开采甲烷水合物的关键环节，存在很多有待解决的矛盾。但随着近年来研究力度的不断加大，水合物形式的运输很可能在不远的将来变成现实。

8.9　从天然气水合物中开采天然气的经济性

到目前为止，人们对于陆上和海上天然气水合物开发经济性的研究还很有限。有一种观点认为，多种因素使得水合物的生产成本高于传统天然气藏。其中最关键的几个因素为：

（1）单井开发可能会导致天然气产出速率较低；

（2）从一开始就要对天然气进行压缩；

（3）产砂和产水使井况更加复杂；

（4）需要注入抑制剂以防止井内发生水合物堵塞。

需要指出的是，许多拥有最易开采的陆上永久冻土区水合物的国家，恰好也拥有丰富的其他资源。例如，俄罗斯拥有巨大的石油和传统天然气储量；加拿大不但拥有石油和天然气，还拥有油砂。这些国家不会急于在短期内建设用于生产和运输水合物天然气的基础设施，而是将水合物视为一种潜在能源。

2009年公布的一份天然气水合物开发的经济可行性评估报告指出（Walsh et al.，2009）：按照2010年的美元价格估算，开采自天然气水合物的天然气价格约为9.9美元/10^3ft^3；如果天然气水合物伴生有自由气层，这一价格下降到6.2美元/10^3ft^3。本书截稿时，天然气交易价格约为4美元/10^3ft^3，因此天然气水合物的经济开采还有待时日。天然气水合物储量的新发现和开发技术的进步也在降低天然气水合物的开发成本。

最有可能首先进行天然气水合物商业开发的国家是那些碳氢资源储量十分有限的国家，其中包括日本、印度和中国等。目前，日本在水合物相关研究领域的投入最大，并计划在2018年实现商业开发。

参考文献

Alexander G，Almarri M，Eren E，et al.，2004. An assessment of methane hydrate recovery and processing at hydrate ridge. College of Earth and Mineral Science（Pennstate），Report FSc 503，Team 1，November.

Alp D，Parlaktuna M，Moridis G J，2007. Gas production by depressurization from hypothetical class 1G and class 1W hydrate reservoirs. Energy Conv Manag，48（6）：1864–1879.

Boswell R，Collett T S，2006. The gas hydrates resource pyramid. Fire in the Ice，Spring，vol 6，issue 3.

Boswell R，Shelander D，Lee M，et al.，2009. Occurance of gas hydrate in Oligocene Frio sand：Alaminos Canyon block 818：Northern Gulf of Mexico. Mar Petrol Geol，26（8）：1499–1512.

Collett T S，Ginsburg G D，1998. Gas hydrate in Messoyakha gas field of the west Siberian basin：a reexamination of geologic evidence. Int J Offshore Polar Eng，8（1）：22–29.

Collett T S，2003. Natural gas hydrates as a potential energy resource//Max M D. Natural gas hydrates in oceanic and permafrost environments. New York：Kluwer Academic Publishers.

Collett T，Johnson A，Knapp G，et al.，2009. Natural gas hydrates：energy resource potential and associated geological hazards，AAPG Memoir 89，Tulsa.

Elliott G R B，Barraclough B R，van der Bourgh N E，1984. US patent 4. 424. 858，10. 01. 1984.

Kvenvolden K A，1993. Gas hydrate as a potential energy resource：a review of their methane content//Howell D G. The future of energy gases. US geological survey professional paper，1570：555–561.

Kuznetsov F A，2000. Gas hydrates in Siberia//Holder G D，Bishnoi P R. Gas hydrates. Annals of the New York Academy Sciences，912：101–111.

Makogon Y F，1974. Hydrates of natural gases. Moscow：Nedra.

Makogon Y F，1997. Hydrates of hydrocarbons. Tulsa：PennWell Books.

Max M D，Johnson A H，Dillon W P，2006. Economical geology of natural gas hydrates. Dordrecht：Springer.

Milkov A V，2004. Global estimates of hydrate–bound gas in marine sediments：how much is really out there？Earth–Sci Rev，66：183–197.

Moridis G J，Collett T S，2004. Gas production from class 1 hydrate accumulations//Taylor C，Qwan J. Recent advances in the study of gas hydrates，sec I，vol 6. Berlin：Springer：75–88.

Moridis G J，Reagan M T，2007a. Strategies for gas production from oceanic class 3 hydrate accumulations//Proceedings of offshore technical conference，Houston，30 April–3 May，OTC–18865.

Moridis G J，Reagan M T，2007b. Gas production from oceanic class 2 hydrate accumulations//Proceedings of offshore technical conference，Houston，30 April–3 May，OTC–18866.

Moridis G J，Sloan E D，2007. Gas production of disperse low–saturation hydrate accumulations in oceanic sediments. Energy Conv Manag，48：1834–1849.

Mroz T M，2004. Mallik results presented in Chiba，Japan. Fire in the Ice，4（1）.

Naredi P，Narkiewicz M，Strohm T，et al.，2004. Optimal recovery of methane hydrates of the hydrate ridge，offshore Oregon. College of Earth and Mineral Science（Pennstate），Report FSc 503，Team 3，November.

National Research Council，2010. Realizing the energy potential of methane hydrate for United States. Washington，DC：National Academic Press.

Ohta K，Ohtsuka Y，Matsukuma Y，et al.，2002. Basic study on recovery system of methane hydrate//Proceedings of international conference on gas hydrates，vol 4，Yokohama，19–23 May.

Parkes R J, Derek M, Armann H, et al., 2009. Technology for high-pressure sampling and analysis of deep sea sediments, associated gas hydrates, and deep-biosphere processes//Collett T S, Johnson A, Knapp G, et al., Natural gas hydrates: energy resource potential and associated geological hazards, AAPG Memoir 89, Tulsa.

Pecher I A, Holbrook W S, 2003. Seismic methods for detecting and quantifying marine gas hydrate/free gas reservoirs//Max M D. Natural gas hydrates in oceanic and permafrost environments. London: Kluwer Academic Publishers.

Riedel M, 2008. Recent advancements in marine gas hydrate drilling//Proceedings of international conference on gas hydrates, vol 6, Vancouver, 6-10 July, Paper 7000.

Rojey A, Jaffret C, Cornot-Grandolphe S, 1997. Natural gas production processing and transport. Paris: Editions Technip.

Sassen R, Losh S L, Cathles L Ⅲ, 2001. Massive vein-filling gas hydrate: relation to ongoing gas migration from the deep subsurface in the Gulf of Mexico. Mar Petrol Geol, 18: 551-560.

Sawyer W C, Boyer C M, Frantz T, et al., 2000. Comparative assessment of natural gas hydrate production models. SPE/CERI gas technical symposium, Calgary, 3-5 April, 62513-MS.

Tanaka S, 2003. Introduction of research consortium for methane hydrate resources in Japan. Mallik International Symposium, Chiba, Japan, 8-10 December.

Walsh M R, Hancock S H, Wilson S J, et al., 2009. Preliminary report on the commercial viability of gas production from natural gas hydrates. Energy Econ, 31: 815-823.

Yamamoto K, Dallimore S, 2008. Aurora-Jogmec-NRCan Mallik 2006-2008 gas hydrate research project progress. Fire in the Ice, Summer, 7 (2) .

Zhang H-Q, Brill P, Sarica C, 2008. A method of harvesting gas hydrates from marine sediments// Proceedings of international conference on gas hydrates, vol 6, Vancouver, 6-10 July, Paper 5587.

第九章　水合物的工业用途

9.1　简介

由于水合物会堵塞管道，造成减产等严重的经济后果，甚至对人体造成致命伤害，所以能源工业界几十年来主要视它为一种危害。人们针对如何防止水合物生成以减少其危害已经做了大量研究。目前，天然气水合物的可控生成研究与应用也已逐渐受到关注。

在这些研究当中，利用固态水合物的形式实现天然气的海上运输引起了人们的广泛兴趣。其他的水合物工业应用研究包括海水淡化、制冷循环、浓缩（粉末或脱水）食品和重水的生产、毒性药剂及污染物（例如 H_2S 和氯化物溶剂）的分离与恢复、非机械气体压缩、烟道废气中的 CO_2 分离与处理。

本章将介绍水合物的一些复杂工业应用。其中，天然气运输方面的应用将会着重介绍，这项技术已经进入了工业应用开发阶段。

9.2　甲烷储运技术

正如第一章所述，在当前和不久的将来，天然气是众多能源中最具开发潜力的一种资源。即使假设未来是氢能源的时代，天然气作为生产氢的原料来说仍具有重大意义。

限制天然气进入更多市场的主要问题在于：天然气的运输在技术上和经济上的难度都要高于液态燃料。事实上，仅有很少一部分天然气（约 25%）能够进入国际交易。为了使天然气的运输和储存更加经济和实用，采取了很多办法。其中，仅管道运输和 LNG 这两类运输方式得到了广泛应用。图 9.1 和表 9.1 给出了当前的天然气输送系统及其主要指标。

天然气的压缩和管道传输的方式最为简便，应用也最广。今天，天然气管线已能穿过很多水域，可以在水深超过 2000m 海底进行管线敷设。天然气中约有 75% 是通过管线输送的。这种方式需要使用固定的管网将天然气产地与消费地连接起来，而管网的安装、运行和维护成本十分昂贵。海底管线的敷设成本约为陆上管线的 2 倍，当水深超过 500m 时达到 4～5 倍。受经济性和地缘政治因素影响，陆上和海底管线的长距离敷设常常受限。此外，水、水合物、砂子和腐蚀产物的聚集常有发生，大大增加了运行和维护费用支出。

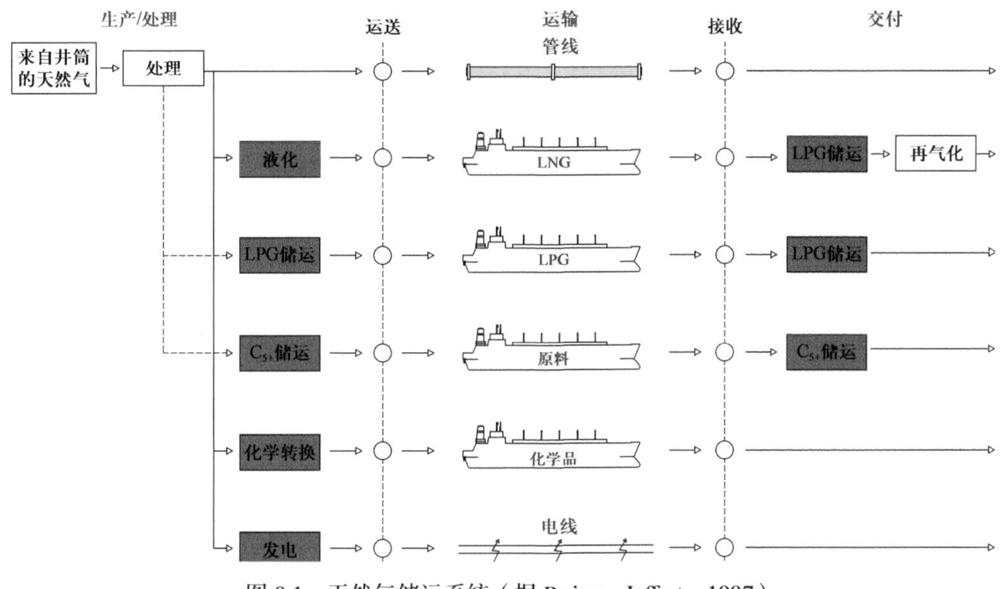

图 9.1 天然气储运系统（据 Rojey，Jaffret，1997）

从能量密度的角度来看，天然气的液态形式运输很有优势，因为气体体积在液化后缩小为原来的 1/600：1t LNG（$2.2m^3$）等价于标准状况下 $1350m^3$ 的天然气。但是，天然气液化的成本很高，而且需要特制的液化气船和气体存储装置。这种气体存储装置需要采用耐低温（−161℃）材料制成。此外，交货地必须有气化设备。虽然气化设备并不复杂，但却常常受到当地政府的质疑。

表 9.1 不同天然气储运方式的特征

参数	温度（℃）	压力（bar）	整体密度（g/cm^3）	相对 CH_4 的密度
天然气	25	1	0.00065	1
压缩气（中压）	25	35	0.0234	36
压缩气（高压）	25	200	0.15	230
LNG	−160	1	0.45	690
固体吸收气	25	35	0.13	200
天然气合成油	25	1	0.82	1260

如果按照天然气年流量为 10^9m^3 来计算，当运输距离达到 4000～6000m 时，LNG 比陆上管线更加经济（Karnic，Valais，1990）。如果管线位于海底，这一范围还会缩短。总体来讲，管线和 LNG 二者都需要巨额的投资，仅当天然气大规模运输时才更划算。很明显，这两类运输系统都不适用于偏远地区的小型气田（搁置天然气）。

压缩天然气（CNG）是与 LNG 类似的一种方法。这种方式将天然气压缩到 200bar 的压力下（仍然是气态），利用特殊的挠性管线运输。虽然天然气压缩系统的成本要低于液化/气化系统，但如果距离很远，相同能量的轮船运输成本要大大高于 LNG。这是因为高压气体的运输条件要求很高，运输 $9\times10^6m^3$ 的天然气需要 1700km 长、总质量达 50000t 的挠性管线（Economides，Mokhatab，2007）。目前，压力更大的 CNG 存储和运输装置正在研究之中，这类装置用于短距离运输和小型气田将更有优势。

另一种很有前景的天然气运输方式为天然气合成油（GTL）技术。GTL 通过化学处理将天然气转变为更有价值的液态产品，例如甲醇或高分子量烃类，这样就可以像常规液态燃料一样易于运输。卡塔尔是天然气储量最大的国家之一，已经建成了多个大型 GTL 系统。处理成本仍然是其最大的问题之一。GTL 技术的优势在于运输的是便于加工成最终产品的中间态液态物质。

除了上述已有实际应用的方法以外，人们还提出了许多其他方案，但大部分还处于试制阶段。这些方案主要有天然气吸附（ANG）储运（Lee et al.，2003）和天然气入网发电（GTW）。虽然这些解决方案在一定情况下具有发展前景，但还远未达到大范围应用的程度。

9.3 甲烷水合物储运天然气

以水合物的形式运输天然气并不是一个很新的想法，这种方法受到关注的原因是水合物具有“浓缩”气体的能力。$1m^3$ 水合物可包含 $160m^3$ 以上的甲烷。此外，虽然水合物中的甲烷是可燃的，但却不会发生爆炸，这是它相对于 LNG 和 CNG 的一个重大安全优势。

在很长的时间内，利用水合物运输天然气只是一个设想。因为水合物需要高压和相对低温的处理设备来生产和保存，无论从技术上还是经济上来说都有很大难度。但是，人们在 19 世纪 90 年代发现：在一定的条件下，水合物甚至可以在常压下保持稳定。这一异常现象吸引学者们开展了广泛研究（Gudmundsson，Borremaaug，1996）。Stern 等（2001）的经典研究和后续工作（Giavarini，Maccioni，2004；Shirota et al.，2002）给出了水合物自我保护效应的范围（图 9.2）。

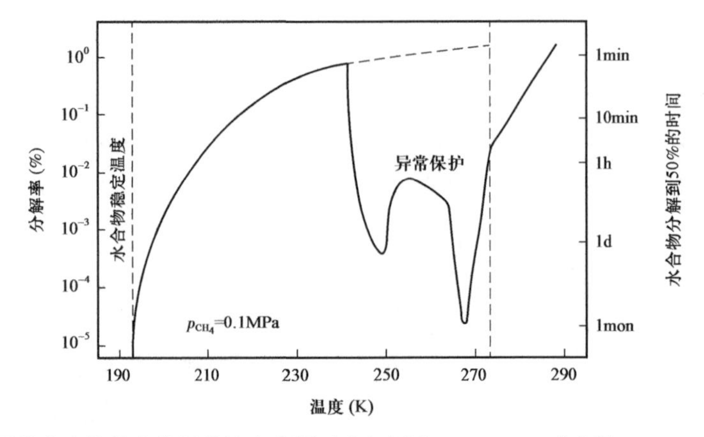

图 9.2 甲烷水合物的自我保护效应范围（大气压力、−30～0℃）（据 Stern et al.，2001）

实际上，在 −30～0℃（243～273.15K）之间，甲烷水合物在高于平衡温度（1bar 时为 −80℃）50～80℃时仍能相对稳定。有趣的是，最佳保存温度为在零下几度。这种现象的一种可能解释是，在压力下降过程中形成了一层薄薄的冰膜，暂时封住了气体逸出。虽然水合物也在分解，但速度却非常缓慢。近期一项研究表明，自我保护效应与正在溶解的水合物表面形成的冰膜的渗透率直接相关（Falenty，Kuhs，2009）。Giavarini 和 Maccioni 的研究显示，如果压力略大于大气压力（2～3bar）、温度在 −3～−5℃时，水合物完全分解需要 40 天以上。使用水合物混合物，例如添加四氢呋喃（THF），能大大延长水合物保存时间（Giavarini et al.，2007）。

表 9.2　NGH 和 LNG 两种天然气运输方式的差异

类型	NGH	LNG
相态	固态（球形）	液态
$1m^3$ 包含的物质	$160m^3$ 天然气 $+0.8m^3$ 水	$600m^3$ 天然气
所需温度	−20℃	−161℃
相对密度	0.85～0.95	0.42～0.47

挪威科技大学（NTNU）的 J. S. Gudmundsson 与日本三井造船株式会社（MES）合作，首先对其进行了商业开发尝试（Kanda et al.，2005；Takahashi et al.，2005；Takaoki et al.，2005）。他们通过与挪威的阿克—克瓦纳公司（Aker Kvaerner）合作，开发了从生产到最终气化的整个工艺流程（图 9.3）。

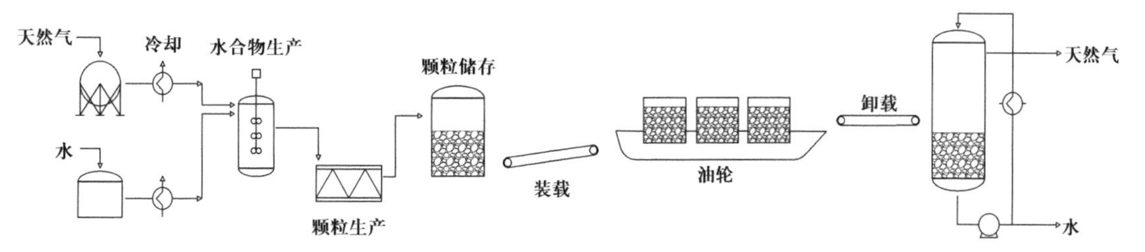

图 9.3　MEC 提出的水合物储运天然气的整个工艺流程（据 Nakata et al.，2008；Takeuki et al.，2009）

实际上，对于小型气藏来说，天然气水合物（NGH）储运天然气是一个新选择。相对于 LNG，NGH 较易生成，其运输条件也不那么苛刻。MES 目前运行着一个产能 5000kg/d 的试验设备，利用相对简单可控的机械施压方法，在约 70bar 的条件下生成球形水合物（图 9.4）。选择水合物球是因为水合物粉末容易粘连、对温度浮动也更敏感。通过生成大小不同的枕状水合物球，可增加存储容量（Nakata et al.，2008）。表 9.2 给出了 NGH 和 LNG 储运系统的差别。图 9.5 为首个 MES 试验设备。

MES 还开发了特制的 NGH 球的存储装置。这种船舱（图 9.6）有隔热功能，能将货物保持在 −20℃。运输过程中，水合物部分分解产生的天然气（每天约 0.05%）可作为燃料，或压缩后存储于卸载港口（Nakata. et al.，2008；Takaoki et al.，2005）。此外，该公司还开发了 NGH 的装配和卸载终端装置和方法（Nogami et al.，2008）。

图 9.4　三井公司生产的球形水合物（图片来源：MES）

图 9.5　将天然气生成水合物的实验装置（据 Takeuki et al.，2009）

日本学者证实，利用天然气水合物储运天然气的成本比 LNG 低约 20%（Kanda et al.，2005）。他们考虑了两种情况：分别将 1×10^{6}t 天然气运输 1500mile 和 3500mile 的距离。3500mile 约等于 6000km，略短于从波斯湾到日本的距离（Sanden et al.，2002）。如果从印度尼西亚运输天然气到日本，那么 NGH 是一个很好的选择。图 9.7 总结了不同条件和不同方法的天然气运输成本。

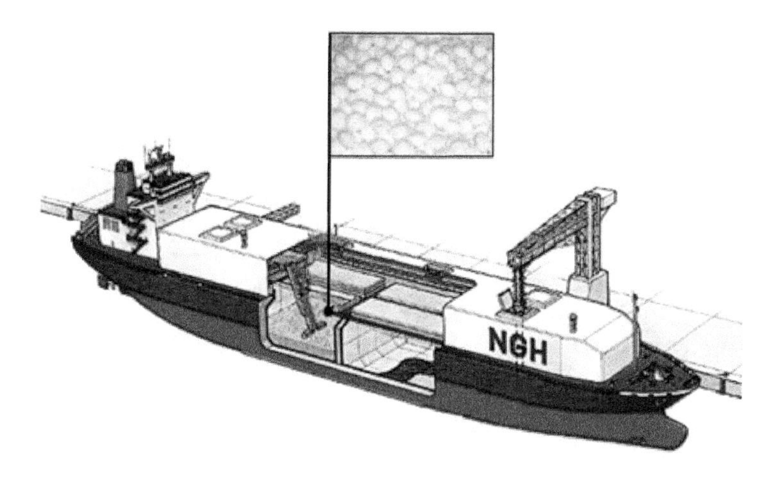

图 9.6　天然气水合物储运船（据 Takaoki et al.，2005）

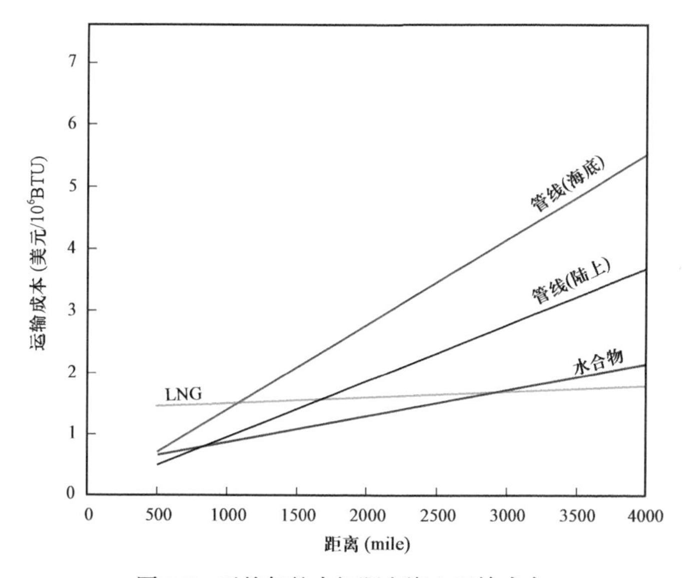

图 9.7　天然气的中短距离海上运输成本

事实上，NGH、GTL 或 CNG 更适用于小型气田和短中距离运输。LNG 仍然是大规模海上长距离运输的首选。如上所述，目前许多小型和中型气田仍待开发的主要原因是无法解决搁置天然气的有效运输问题（Chang，2001）。

2008 年，MES 和日本 Chugoku 电力公司基于一套 5t/d 生产能力的 NGH 装置，开发了一套天然气陆上运输链。日本柳井市（Yanai）发电站（日本最大的 LNG 进口商之一）利用 LNG 气化站的冷能生产水合物。生产出的水合物球使用新型容器装载，并用卡车运送给客户，其中包括一座燃气发电系统和距离柳井市电站几百公里外的一个社区。图 9.8 和图 9.9 分别是柳井市电站的 NGH 生产与处理流程和陆上运输链的说明。

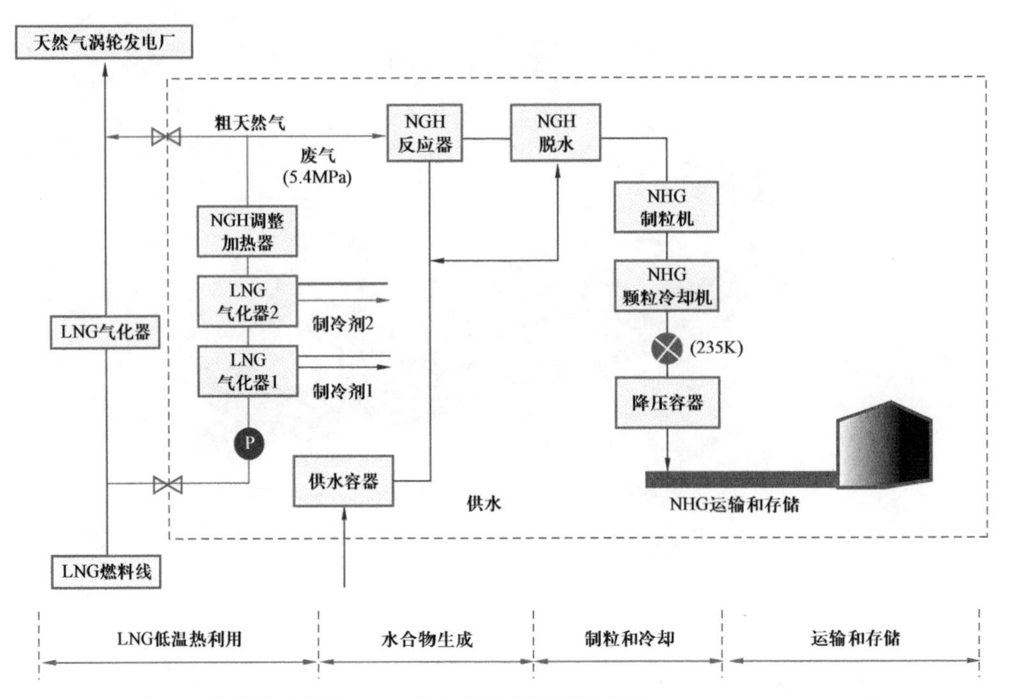

图 9.8 柳井市电站的 NGH 生产和处理流程图（据 Watanabe et al.，2008）

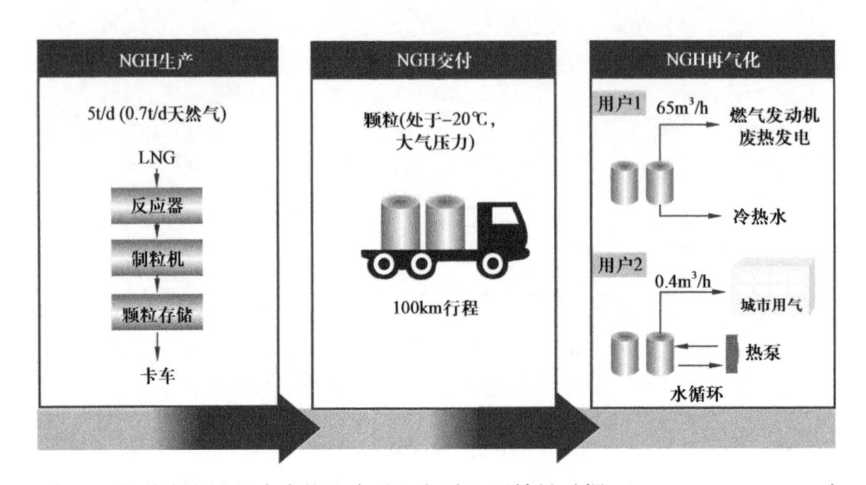

图 9.9 柳井市电站的水合物生产处理与陆上运输链（据 Watanabe et al.，2008）

9.4 脱盐淡化

利用生成水合物进行脱盐的基础是只有淡水才能形成水合物。在饱和的盐溶液中，水合物的形成可以使盐析出，得到水合物和盐两相固体。这两类物质的密度差别较大，很容易通过重力分离。

水合物在客体气体分子（例如乙烷、丙烷、CO_2）与盐溶液的接触部位生成。水合物晶体经过分离、冲洗和融化，可以得到脱气的纯水和剩余的盐水。客体气体种类应根据其稳定条件和脱盐模式进行选择。一般来说，丙烷和无氟臭氧是很好的选择。相对于多级蒸馏和膜渗透等其他方法，基于水合物的淡化 / 分离方法可大大降低成本。Makogon（1997）完整地阐述了基于水合物的淡化技术。

利用上述方法，还可以生产无水粉末和鲜果蔬压缩产品。

9.5　酸性气体分离

硫化氢（H_2S）和二氧化碳（CO_2）常被称为酸性气体，具备中度酸化溶液的能力。这两种气体伴随在绝大多数石油和天然气生产中，必须予以处理。CO_2 还存在于化石燃料燃烧的废气中。

传统的酸性气体分离方法基于液态溶剂（例如胺）吸收、固态吸收和渗透膜。

H_2S 和 CO_2 很容易生成水合物，利用这一性质可以将其从气体混合物中分离（Giavarini，Maccioni，2010；Kamata et al.，2005；Ota，Seko，Endou，2005）。人们已经提出了从燃烧烟气中分离 CO_2（Kang, Lee, 2000）以及从整体煤气化联合循环（Intergrated Gasification Combined Cycle，IGCC）系统中提取气体（主要是 CO 和 H_2）的方法（Currier et al.，2003）。

IGCC 将煤、石油焦炭等低价值燃料转化为环境友好的高价值气体燃料，即“合成气”。合成气主要由 H_2 和 CO 组成，可经变换反应转化为 H_2 和 CO_2。

图 9.10 为 SIMTECHE 过程。将合成气中的 CO 完全氧化变为 CO_2，送入压力约为 70bar 的水合物生成反应器。反应器使用液氮作为制冷剂。此时，氢不会生成水合物（除非在远高于此压力的条件下），很容易分离。因此，CO_2 可以以水合物的形式处置封存，也可以通过水合物分解回到气体状态。

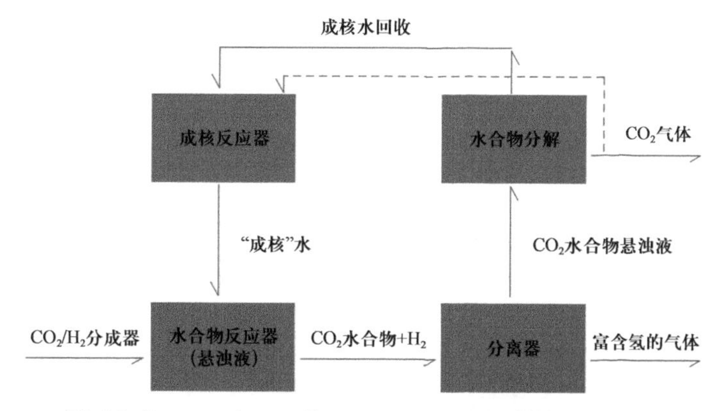

图 9.10　用于分离 IGCC 中 CO_2 的 SIMTECHE 过程（据 Currier et al.，2003）

Kumar 等（2001）提出了从 IGCC 装置中分离 CO_2 的一体化方法（图 9.11）。首先将丙烷（2.5%）加入气体燃料混合物中，共同进行天然气水合物结晶。丙烷的作用是将水合物的形成压力从 7.5MPa 降低至 3.8MPa（273.7K）。再使用膜分离单元将氢从贫 CO_2 的气流中分离。经过水合物的形成和分解两个步骤，加上一步膜分离，可以得到两类物质：一种含量为 98% 的纯 CO_2，一种含量为 96% 的纯 H_2。

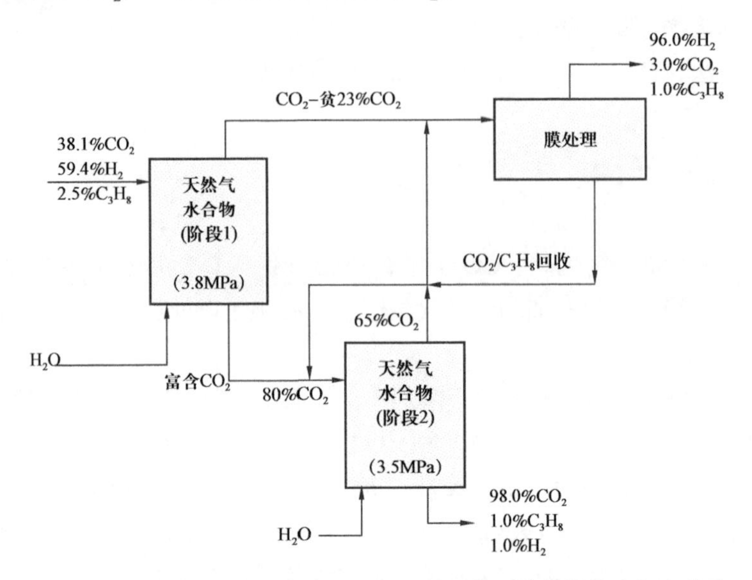

图 9.11　水合物和膜的联合分离流程，用于从添加丙烷的燃烧废气中获取 CO_2
（据 Kumar，Englezos，Ripmeester，2008）

如果发电厂使用的是富氧的煤燃烧技术（用氧气代替空气燃烧煤），那么基于水合物生成的 CO_2 分离方法将更加有用（Giavarini，Maccioni，Santarelli，2010）。富氧煤燃烧产生的废气，经水蒸气凝固之后，几乎全部为 CO_2。2010 年，美国能源部在大型燃煤火力发电厂中启动了富氧燃烧计划。高浓度的 CO_2 便于 CO_2 的捕获与运输。这种情况下，仅需稍微增加压力就能产生高浓缩的 CO_2 水合物。事实上，CO_2 还是氮气水合物的联合客体，因此较高浓度的 N_2 会影响 CO_2 水合物的生成过程。图 9.12 为简化的富氧煤燃烧和基于水合物的 CO_2 处置一体化过程（Giavarini，Maccioni，Santarelli，2010）。

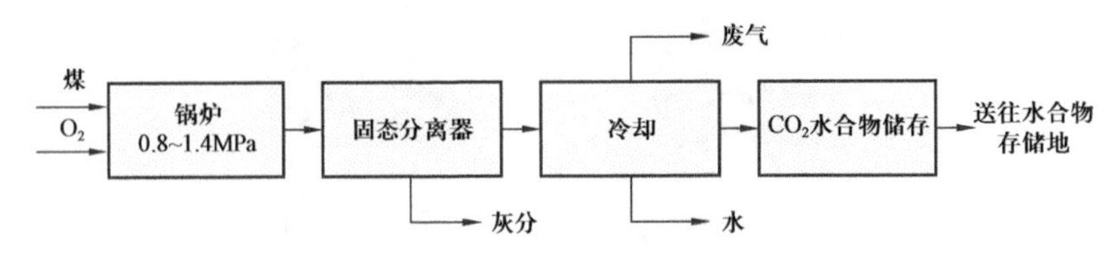

图 9.12　富氧煤燃烧和基于水合物的 CO_2 封存一体化过程

9.6　二氧化碳封存与处置

碳封存指将人类活动产生的碳（常指 CO_2）捕获、移除并以环保的方式长期储存。针对排放物中的 CO_2 分离问题，人们提出了很多技术方案。目前已经进入商业应用的方法有固体和液体吸收、膜分离和低温分馏。许多方法都能对分离后的 CO_2 进行处置，包括储存在海底和适当的盆地中（Herzog，2001；Teng et al.，1997）。另外，利用水合物生成进行 CO_2 分离和存储的可能性也受到关注。

在生成水合物的温压条件下（$p>45$bar，$T<10$℃），CO_2 水合物与海水接触时仍是稳定的。但是，即使在此条件下，只有海水饱和 CO_2 时才能生成水合物。否则，CO_2 将溶解于水形成碳酸，增加水的酸性。因此，CO_2 水合物海底存储的可行性不大。

海底沉积物能与 CO_2 发生反应（House et al.，2006），这种缓冲作用能够提高海底的埋存能力。天然空洞（例如已经使用的天然钙硅石盆地）中的一些岩石能与 CO_2 发生反应，形成碳酸钙和硅酸钙，增加反应时间（Wu et al.，2001）。将 CO_2 以水合物的形式埋存在海底沉积物和储层中的方法可以利用这一原理。但是，许多科学家认为海洋和地质埋存技术只是 CO_2 捕获和隔离的临时措施。

压力是甲烷水合物保存的重要因素。对于 CO_2 水合物来说，温度则更加重要。相对于甲烷水合物而言，CO_2 水合物可以在较为宽松的条件下（例如 −3℃、大气压力）保存相对较长的时间。CO_2 水合物分解需要的能量也高于甲烷水合物，所以甲烷水合物的稳定性较弱。

Komai 等（2008）提出一种不需要进行气体分离就能将燃烧废气中的 CO_2 埋存的方法。他们的研究结果显示，CO_2–N_2 混合物可以在沉积物中实现大规模埋存。通过将废气引入到储层之中，其中的 CO_2 就能形成水合物实现捕获；但 N_2 不会形成水合物，从而实现了 N_2 的原地分离（图 9.13）。最终，CO_2 以固态水合物保留在沉积物中，而 N_2 通过孔隙介质运移至生产井中。

如果选择深部沉积环境（与深部天然甲烷水合物沉积类似），很有可能成功实现 CO_2 水合物的长期封存。其中一项技术是直接利用 CO_2 置换天然水合物藏中的甲烷。从热力学的角度来讲，人们很早就知道水合物相的 CO_2 要比甲烷稳定，然而对于 CO_2 是否能置换出水合物中的甲烷以及置换速率却所知甚少。实验室研究显示，如果将甲烷水合物暴露在 CO_2 环境中（气态或液态），则甲烷水合物表面会发生快速置换，最终水合物中 70% 的甲烷都被 CO_2 所代替（Lee et al.，2003；Ota et al.，2005）。图 9.14 为 CO_2 置换水合物中甲烷的概念图（Ota et al.，2005）。

在接近自然水合物藏的模拟条件下，利用核磁共振成像仪（MRI）对砂岩岩心中的水合物生成过程进行了观测（Graue et al.，2006；Husebo，2008；Housebo et al.，2008；Stevens et al.，2008）。MRI 可以探测到甲烷气和液态水，但对固态水合物不敏感，基本观测不到信号。如图 9.15（a）所示，最初整块砂岩岩心中都充满了水。随着水合物的形成，水的信号逐渐消失，在 MRI 图像上仅能看到中部间隔区的甲烷气体［图 9.15（b）］。把 CO_2［在 MRI 上不可见，图 9.15（c）］注入中部间隔区中，最初没有 MRI 信号，因为岩心中只含有甲烷水合物和液态 CO_2。随着时间的推移，如图 9.15（d）所示，甲烷气扩散到中部间隔区内，表明 CO_2 将水合物中的甲烷置换了出来。实验中一个有趣的结果是：在交换过程中没有探测到自由水［图 9.15（d）］。根据图 9.14，可能会认为水合物在交换过程中经历的是“固—液—固”的相态变化。然而，来自 MRI 的证据表明，甲烷水合物并不是分解为液态水之后再形成 CO_2 水合物。在交换的过程中，水一直保持着固态形式。与此同时，置换过程十分有效，CO_2 能够将水合物中 70% 的甲烷置换出来。

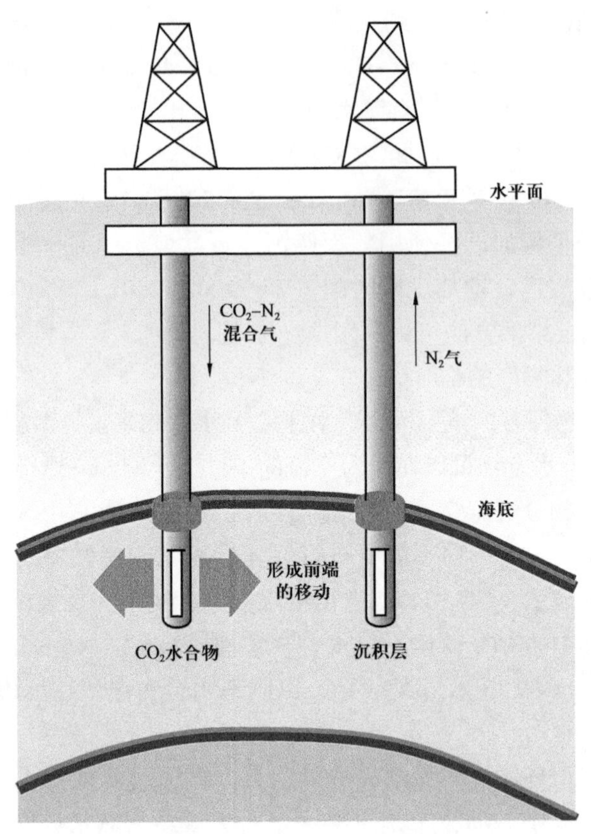

图 9.13　含氮气的废气混合物直接进行 CO_2 封存（据 Komai et al.，2008）

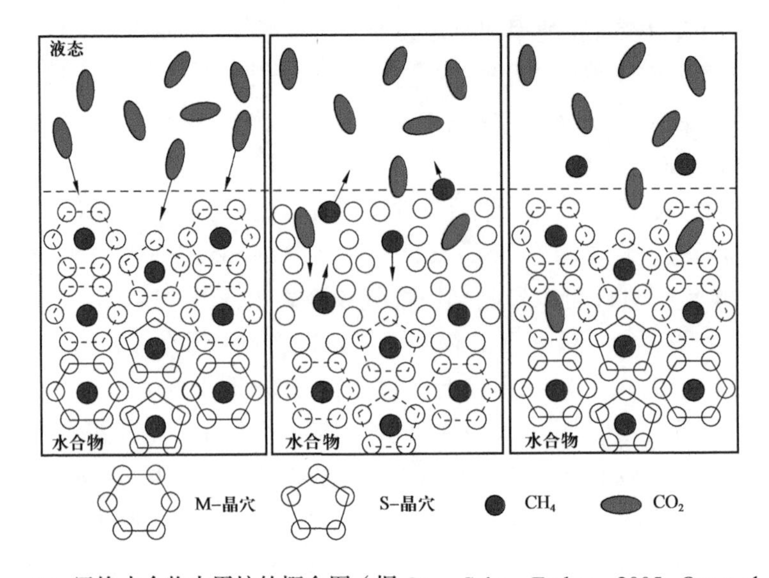

图 9.14　CO_2 置换水合物中甲烷的概念图（据 Ota，Seko，Endou，2005；Ota et al.，2005）

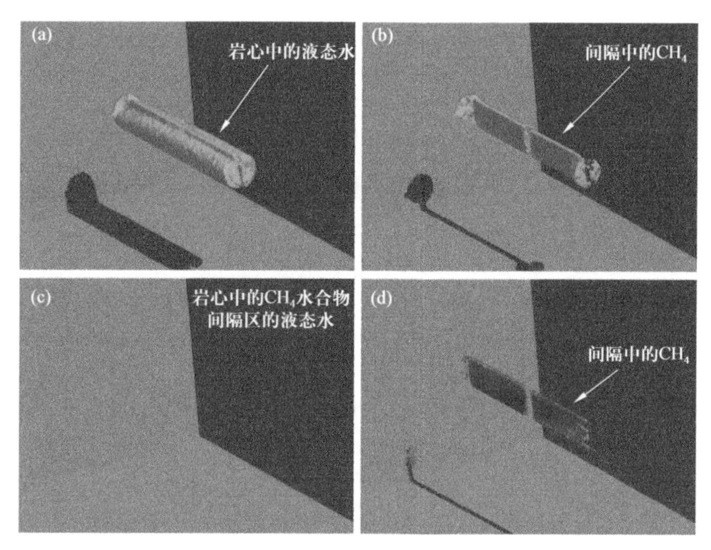

图 9.15　具有中部间隔区的砂岩岩心的 MRI 图像（据 Husebo et al.，2008）

（a）饱水岩心，中部间隔区为甲烷；（b）甲烷水合物生成后，仅能探测到中部间隔区的甲烷；（c）液态 CO_2 进入中部间隔区后，MRI 探测不到信号；（d）在中部间隔区检测到 CH_4，CO_2 与水合物中的甲烷形成交换

上述技术能够同时实现 CO_2 的封存和天然水合物能源的开发，具有很好的前景。美国康菲公司（ConocoPhillips）和美国能源部正计划进行一次现场试验，用于确定 CO_2 交换技术在实际水合物藏中的可行性。这次现场试验的地点位于阿拉斯加北坡的普拉德霍湾，钻井作业于 2011 年冬季进行，CO_2 注入作业于 2012 年进行。

9.7　其他应用

Wang 等（2008）提出一种利用水合物生成 / 分解来从合成氨工厂废气混合物中分离氢的技术。氨工厂废气主要由氢、甲烷、氮和氩组成。利用膜分离和其他传统方法回收氢的成本很高。因为氢对水合物态几乎没有亲和力，将始终以气态为主。通过添加四氢呋喃可以提高气态和水合物态 H_2 的分离系数。防聚剂的使用也是必要的，可以使水合物颗粒分散在凝析态混合物中，并产生油包水的乳化液系统。氢含量可以提高到 80%（摩尔分数），而甲烷摩尔浓度可降低至不到 2%。所需温度略高于 273K，所需压力低于 10MPa。

近年来，人们对发展基于水合物的新型制冷系统进行了大量尝试。如果考虑利用基于水合物的制冷系统调节住宅空气，环戊烷、水和二氟甲烷系统的相平衡条件似乎能够满足要求（Takeuki，et al.，2005）。

参考文献

Chang S，2001. Comparing exploitation and transportation technologies for monetization of offshore stranded gas. SPE Asia Pacific oil and gas conference，Jakarta，17-19 April，68680.

Currier R P，Young J S，Anderson G K，et al.，2003. High-pressure carbon dioxide separation from shifted synthesis gas//Proceedings of 225th ACS national meeting，New Orleans，23-27 March.

Economides M J，Mokhatab S，2007. Compressed natural gas. Another solution to monetize stranded gas. Energy Tribune，Posted on October 18.

Falenty A，Kuhs W F，2009. "Self-Preservation" of CO_2 gas hydrates-surface microstructure and ice perfection. J Phys Chem B 113：15975-15988.

Giavarini C，Maccioni F，2004. Self-preservation at low pressure of methane hydrates with various gas contents. Ind Eng Chem Res，43：6616-6621.

Giavarini C，Maccioni F，Politi M，et al.，2007. CO_2 hydrate：formation and dissociation compared to methane hydrate. Energy Fuel，21：3284-3291.

Giavarini C，Maccioni F，Politi M，et al.，2008. Formation and dissociation of CO_2 and CO_2-THF hydrates compared to CH_4 and CH_4 THF hydrates//Proceedings of international conference on gas hydrates 6，Vancouver，6-10 July，P-048.

Giavarini C，Maccioni F，2010. Process for the purification-sweetening of natural gas by means of controlled dissociation of hydrates and use thereof separators. WO/2010/018609. Int Appl PTC/IT2009/000376.

Giavarini C，Maccioni F，Santarelli M L，2010. CO_2 sequestration from coal fired power plants. Fuel，89（3）：623-628.

Graue A，Kvamme B，Baldwin B，et al.，2006. Magnetic resonance imaging of methanecarbon dioxide hydrate reactions in sandstone pores. SPE annual technical conference，San Antonio，24-27 Sept，102915-MS.

Gudmundsson J S，Borremaug A，1996. Frozen hydrate for transport of natural gas. In：Proceedings of international conference on gas hydrates 2，Tolouse，2-6 June.

Herzog H J，2001. What future for carbon capture and sequestration？ Environ Sci Tech，35（7）：148-153.

House K Z，Schrag D P，Harvey C F，et al.，2006. Permanent carbon dioxide storage in deep-sea sediments. Proc Natl Acad Sci U S A，103（33）：12291-12295.

Husebo J，2008. Monitoring depressurization and CO_2-CH_4 exchange production scenarios for natural gas hydrates. University of Bergen，Deptment of Physics，Ph. D. thesis.

Housebo J，Graue A，Kvamme B，et al.，2008. Proceedings of international conference on gas hydrates 6，Vancouver，6-10 July，Paper 5636.

Kamata Y，Ebinoma T，Oyama H，et al.，2005. Hydrogen sulfide separation using TBAB hydrate// Proceedings of international conference on gas hydrates 5，Trondheim，13-16 June，Paper 4033.

Kang S P，Lee H，2000. Recovery of CO_2 from flue gas using gas hydrate：thermodynamic verification through phase equilibrium measurements. Environ Sci Tech，34（20）：4397-4400.

Kanda H，Uchida K，Nakamura K，et al.，2005. Economics and energy requirements on natural gas ocean transport in form of natural gas hydrate pellets//Proceedings of international conference on gas hydrates 5，Trondheim，13-16 June，Paper 4023.

Karnic J-L，Valais M，1990. Natural gas//Masseron J. Petroleum economics. Paris：Technip：433-482.

Komai T，Sakamoto Y，Kawamura T，et al.，2008. Formation kinetics of CO_2 gas hydrates in sandy sediment and change in permeability during crystal grouth. Carbon capture and storage system using gas hydrates. In：Proceedings of international conference on gas hydrates 6，Vancouver，6-10 July，Paper 5019.

Kumar R，Englezos P，Ripmeester J，2008. The gas hydrate process for separation of CO_2 from fuel gas mixture：macro and molecular levels studies//Proceedings of international conference on gas hydrates 6，

Vancouver, 6−10 July, Paper 5451.

Lee H, Yongwon S, Sea Y−T, et al., 2003. Recovering methane from solid methane hydrate with carbon dioxide. Angewandte Chemie. doi: 10. 1002/anie. 200351489.

Lozano−Castelló D, Alcañiz−Monge J, de la Casa−Lillo M A, et al., 2002. Advances in the study of methane storage in porous carbonaceous materials. Fuel, 81 (14): 1777−1803.

Makogon Y F, 1997. Hydrates of hydrocarbons. Tulsa: PennWell Books.

Nakata T, Hirai K, Takaoki T, 2008. Study of natural gas hydrate carriers//Proceedings of international conference on gas hydrates 6, Vancouver, 6−10 July, Paper 5539.

Nogami T, Oya N, Ishida H, et al., 2008. Development of natural gas ocean transportation chain by means of natural gas hydrate//Proceedings of international conference on gas hydrates 6, Vancouver, 6−10 July, Paper 5547.

Ota M, Seko M, Endou H, 2005. Gas separation process of carbon dioxide from mixed gases by hydrate production//Proceedings of international conference on gas hydrates 5, Trondheim, 13−16 June, Paper 4032.

Ota M, Morohashi K, Abe J, et al., 2005. Replacement of CH_4 in the hydrate by use of liquid CO_2. Energy Conserv Manag, 46 (11−12): 1680−1691.

Rojey A, Jaffret C, 1997. Natural gas: production, processing, transport. Paris: Technip.

Sanden K, Rushfeld P, Graff O F, et al., 2005. Long distance transport of natural gas hydrate to Japan//Proceedings of international conference on gas hydrates 5, Trondheim, 13−16 June, Paper 4035.

Shirota H, Aya I, Namie S, et al., 2002. Measurement of methane hydrate dissociation for application to natural gas storage and transportation//Proceedings of international conference on gas hydrates 4, Yokohama, 19−23 May, pp 972−977.

Stern L, Circone S, Kirby S, et al., 2001. Anomalous preservation of pure methane hydrate at 1 atm. J Phys Chem B, 105: 1756−1762.

Stevens J C, Howard J J, Baldwin B A, et al., 2008. Experimental hydrate formation and gas production scenarios based on CO_2 sequestration//Proceedings of international conference on gas hydrates 6, Vancouver, 6−10 July, Paper 5635.

Takahashi M, Iwasawi T, Katoh Y, et al., 2005. Experimental research on mixed gas hydrate pellet production and dissociation//Proceedings of international conference on gas hydrates 6, Trondheim, 13−16 June, Paper 4027.

Takaoki T, Hirai K, Kamei M, et al., 2005. Study of natural gas hydrate carriers//Proceedings of international conference on gas hydrates 6, Trondheim, 13−16 June, Paper 4021.

Takeuki F, Ohmura R, Yasuoka K, 2009. Statistical−thermodinamics modelling of clathrate hydrate−forming systems suitable as working media of a hydrate−based refrigeration system. Int J Thermophys, 30 (6): 1838−1852.

Teng H, Yamasaki A, Chun M K, et al., 1997. Why does CO_2 hydrate disposed of in the ocean in the hydrate−formation region dissolve in seawater? Energy, 22 (12): 1111−1117.

Wang X L, Chen G J, Tang X L, et al., 2008. Recovery of H2 from synthetic ammonia plant tail gas//Proceedings of international conference on gas hydrates 6, Vancouver, 6−10 July, Paper 5361.

Watanabe S, Takahashi S, Mitzubayashi H, et al., 2008. A demonstration project of NGH land transportation system//Proceedings of international conference on gas hydrates 6, Vancouver, 6−10 July, Paper 5442.

Wu J C S, Sheen J D, Chen S Y, et al., 2001. Feasibility of CO_2 fixation via artificial rock weathering. Ind Eng Chem Res, 40 (18): 3902−3905.

第十章　天然气水合物的相关环境问题

10.1　水合物对环境的影响

如前所述，天然气水合物是一种分布广泛的甲烷资源，其储量比常规天然气藏大得多。北极永久冻土区的近地表温度较低，具备形成水合物的条件。这些水合物可以作为盖层阻止气体渗出地表。在水深超过 500m 的海洋中，甲烷水合物可在深部海洋沉积物中稳定存在。大多数水合物藏位于大陆边缘的海底沉积物中。

海底稳定性和安全是与天然气水合物有关的重要问题。海底稳定性是指天然气水合物分解容易引起海底塌陷和滑坡。天然气水合物的相关安全问题已对传统石油天然气开采产生了影响，在未来海上和陆上天然气水合物藏开发中也必须考虑。

能源公司报道过许多由天然气水合物引起的钻井和开发问题，例如钻井时的气体释放和油井套管垮塌。在海洋中作业时，气体泄漏到海底表面会造成局部海底下沉，使钻井平台失去支撑。从深部地层中开采出的热油气会造成天然气水合物的分解，导致经常出现这类问题。

气体泄漏和海底下沉可能将大量甲烷释放到大气当中。甲烷是一种能够加速全球变暖的温室气体，其温室效应是二氧化碳的许多倍。大多数甲烷可在水层被氧化为二氧化碳。然而，如果甲烷释放的位置较浅且数量足够多（超过氧化能力），就会进入大气。

目前，天然气水合物相关安全问题的许多信息尚未公开共享。虽然从天然气水合物中开采甲烷会涉及许多安全问题，但这些问题与传统气藏开发中的问题类似。

10.2　天然气水合物与气候变化

10.2.1　大气中的甲烷

大气中的甲烷含量很低（体积分数约 0.00017%）。甲烷的天然来源主要为：缺氧环境下的有机质发酵（厌氧微生物降解）、火山、地热流体、动物（例如奶牛），以及煤矿和油田开发。

甲烷在大气中的存在时间可以超过 8 小时。由于甲烷分子（CH_4）十分紧凑和稳定，它在大气中运动上升时几乎不会发生变化，仅在到达平流层被紫外线照射后才发生分解。

甲烷具有很强的温室效应（约为二氧化碳的 10～20 倍）。虽然大气中的甲烷浓度很低，但对全球变暖的影响却不可忽视。自 1800 年来，大气中的甲烷浓度显著增长（图 10.1），这与二氧化碳相似。不同地质年代的大气成分是通过格陵兰的 GRIP 计划（Blunier,

Chappellaz，Schwander，1995）和南极洲冰川的科学钻探（Camerlenghi，Panieri，2007；EPICA Members，2004）来确定的。科学家利用冰川中保存下来的气泡研究当时的大气条件。如图 10.2 所示，气候温暖时期的甲烷含量更高。末次冰消期（距今 20000～10000 年）开始的全球变暖就伴随着大气甲烷含量增高现象。甲烷增加的趋势在全新世的后冰河时代（距今 10000 年）和现代工业文明初期又持续出现。对冰芯记录的研究表明：在地球演化过程中，大气中甲烷含量的增加与温度增高有明确的对应关系。

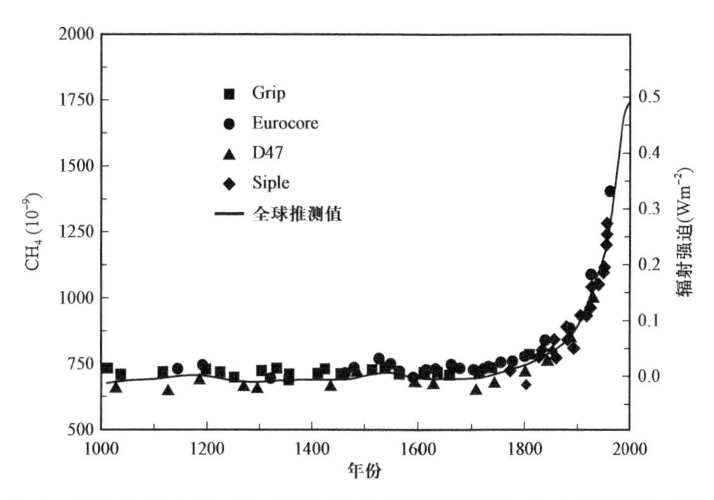

图 10.1　大气中的甲烷含量在过去 1000 年间的增长过程（据 IPCC，2001）

图 10.2　意大利—法国在南极的康考迪亚（Concordia）基地的钻井平台（据 Camerlenghi，Panieri，2007）
该平台由法国保罗—艾米尔—维克多极地研究院（IPEV）和意大利国家南极研究项目（PNRA）共同运行。欧洲南极冰芯计划（EPICA）由欧洲科学基金会的“研究网络计划（Research Networking Program）”资助

10.2.2 水合物枪假说

Kennett 等（2000，2003）基于对海洋沉积物中的微化石（有孔虫）外壳的成分分析，提出了“水合物枪假说（Clathrate Gun Hypothesis）”。有孔虫是小型单细胞生物体，可以生活在海底（底栖有孔虫）和水体（浮游有孔虫）之中。这些生物体的外壳由碳酸钙（$CaCO_3$）组成，碳酸钙由海水中的 Ca^{2+} 和 HCO_3^- 形成。其中的稳定碳同位素研究已成为热点。

HCO_3^- 中的碳原子来自能够生产二氧化碳的细菌群落所代谢的有机质，二氧化碳溶于海水产生了 HCO_3^-。其中两类主要的碳同位素为 ^{12}C（98.9%）和 ^{13}C（1.1%）。$^{12}C/^{13}C$ 的值能够指示不同地质年代的有机物变化。事实上，对于生活在海底甲烷渗漏处附近的有孔虫来说，其外壳出现了碳同位素比异常现象，其中的 ^{12}C 有所增多（Aharon et al.，1992）。产生同位素分馏的原因是：细菌群落更倾向于代谢甲烷，而非有机质。由于甲烷比有机质要更轻（或含有更多的 ^{12}C），造成 $CaCO_3$ 中的 $^{12}C/^{13}C$ 值增大。

已经证实，在过去 60000 年中的几个时期都发现了高 ^{12}C 含量的有孔虫。一些作者认为（Kernett et al.，2000，2003），这种 ^{12}C 含量增高的现象只能用海底大规模甲烷释放来解释。此外，这些时期与根据冰芯测量结果得到的全球变暖时间一致（Brook，Sowers，Orchardo，1996；Chapellaz et al.，1990）。

假说认为，海洋中甲烷水合物藏的不稳定造成了甲烷的意外释放，而大气甲烷含量的增加促进了第四纪晚期的温度大幅增高现象。该模型提出水合物藏发生了间歇式甲烷释放，因此称为“水合物枪假说”。

该模型的主要组成部分如图 10.3 所示。与大陆坡相交的中上层海水温度发生变化，使部分甲烷水合物藏不再稳定。甲烷的释放大大加速了冰川终止期的变暖过程。其他温室气体（例如水蒸气）也增强了甲烷的作用。这些变化令整个气候系统进入了间冰期状态。基于该模型，第四纪晚期的海平面稳定时期也存在甲烷水合物不稳定现象，原因是上大陆边缘处的中上部海水温度频繁变化，造成水合物的不稳定。

温度的变化导致水合物处于一种稳定—不稳定的连续交替状态。当与大陆边缘接触的海水为低温时，甲烷水合物藏（水合物枪）就被周期性地装载（填充）。

水合物藏的不稳定导致灾难性的甲烷释放。随后，甲烷的释放又造成沉积物的破坏。水合物枪假说预测，在大气温度快速升高时期，上大陆边缘出现了大范围的不稳定。这种不稳定体现为泥石流、坍落和其他大规模沉积物运移现象，在海洋中发现的浊流岩和雾状层沉积就是上述现象的证据。

水合物枪假说将甲烷水合物与第四纪最后 80 万年内的全球气候变化现象联系起来。海底水合物向大气中释放甲烷的周期约为 10 万年。然而，也有证据表明存在更短的持续释放时间（约 1000 年）。这些地质年代表上相对较短的周期表明，地球的气候可以发生剧烈的自然变化（没有人类干预）。有观点认为，其他全球变暖时期也曾发生了海底大规模甲烷释放，例如始新世早期（约 55Ma 前）（Dickens，2004）、白垩纪中期（约 1 亿 2 千万年前）（Jahren，2002）、侏罗纪（约 1 亿 9 千万年前）（Hesselbo et al.，2000）、二叠纪和三叠纪的过渡期（约 2 亿 5 千万年前）（Wignall，2001）。永久冻土区水合物与气候变化的关系正在研究之中（Woller et al.，2009）。

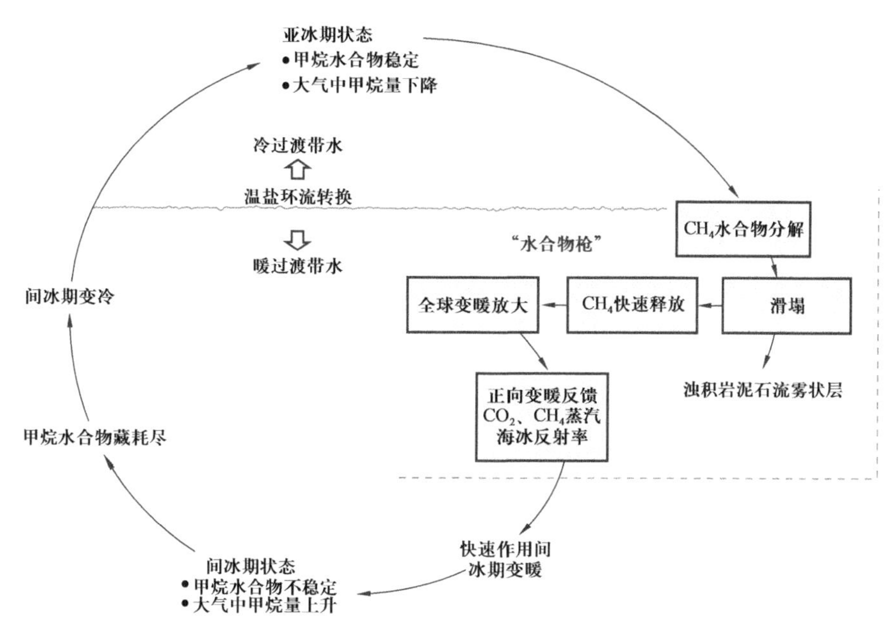

图 10.3 水合物枪假说的简化图（据 Kennett et al.，2003）

甲烷水合物藏的不稳定导致大气中甲烷浓度的变化。退冰期和间冰期状态交替出现

水合物枪假说认为，水合物的不稳定是气候变暖的一种解释，但也有人对水合物与第四纪晚期活动有关持怀疑态度。冰芯记录中的氢 / 氘（^{2}H）同位素比值（H/D）表明，水合物在第四纪晚期是稳定的（Sowers，2006）。水合物的 H/D 值比较特殊，水合物大规模分解会造成大气中 H/D 值的增加，然而并未观测到这一现象。根据对新仙女木时期与前北方期过渡段（距今约 1 万年）的冰芯记录研究，发现 ^{13}C 的浓度变化与海洋天然气水合物的分解并不一致（Schaefer et al.，2006）。甲烷增加的原因可能是湿地的甲烷产量增加。

10.3 海底斜坡的不稳定性

10.3.1 水合物可能是海底滑坡的原因

水合物分解会引发灾难性的海底滑坡，这一问题引起了学术界、海上作业公司（例如管线和电缆敷设）和公共安全部门的关注。

海底滑坡不但能够对海底和沿海地区的设施造成破坏，还能从海底环境延伸至沿海地带，甚至形成致命的海啸。历史上已知的海啸中，大约 20% 是由海底滑坡引起的。近代重要的滑坡事件有：1929 年的加拿大格兰德浅滩（Grand Banks）、1979 年的法国尼斯机场和 2002 年的意大利斯特隆博利岛（Stromboli）的 Sciara del Fuoco（意大利语“火流”之意）。这些事件造成了巨大的物质损失和一定的人员伤亡。1998 年，巴布亚新几内亚境内一次由滑坡引发的海啸造成了2000多人死亡的悲剧。

水合物分解引发海底滑坡的机理如图10.4所示。由于大多数水合物都位于沉积物深处，那里的温度和压力条件让水合物非常稳定，海底水温的增加并不会造成水合物分解。然而，部分大陆斜坡以及北极地区的情况有所不同，这些地区的水合物靠近海底，地层温度接近水合物稳定温度。因此，海水温度小幅升高很快就能传递给水合物，引起水合物分解。研究显示，浅层水合物沉积的温度仅上升1℃，就会造成大量水合物释放（Reagan，Moridis，2007，2008）。沉积物孔隙中的天然气突然膨胀会造成孔隙压力增加。当孔隙压力逐渐达到地层静岩压力时，沉积物便会失去机械强度，并像流体一样流动。当这类现象发生在海底的平坦区域时，会形成几米深的凹陷，称为“麻坑”。如果海上平台恰好坐落于此，则对海底沉积物机械稳定性的破坏将严重威胁到海上平台的安全。如果这种沉积物不稳定现象发生在倾斜的海底底部，就能形成海底滑坡。

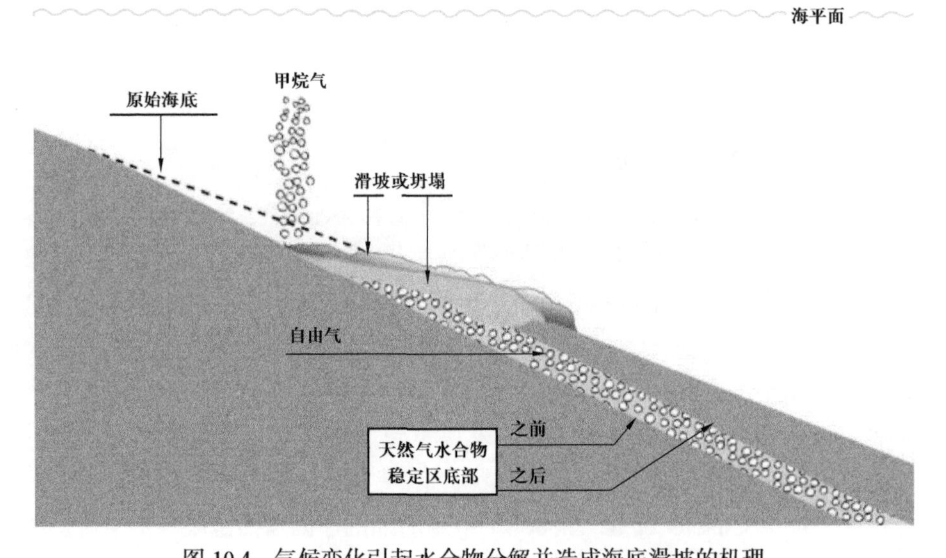

图10.4 气候变化引起水合物分解并造成海底滑坡的机理

人们提出这样一个假说：气候变化和海底变暖引发水合物分解，进而造成了海底滑坡。英国一个研究组的研究结果强化了这一假说（Maslin et al.，2004）。根据对北大西洋海底滑坡的分析，70%以上的海底滑坡发生在末次冰消期（距今8000～15000年前）内的两次全球变暖时期。这两次全球变暖时期与大气甲烷含量升高的时间吻合，也与水合物枪假说中的退冰期和间冰期状态交替一致。

10.3.2 斯托瑞加滑坡

以挪威海德鲁公司（Norsk Hydro）为首的石油公司财团资助了一项研究，为确定海洋水合物分解与海底滑坡之间的关系提供了最佳机会。这项大型研究项目由众多石油公司、大学和研究机构合作承担，目的是研究距今8000年前发生在挪威大陆架的灾难性地质事件——“斯托瑞加（Storegga，挪威语“巨大的边缘”之意）滑坡”。这次海底滑坡长约300km，引发的山体崩塌将数千立方千米的泥质和岩石从斜坡搬运到了深海平原之中（Solheim et al.，2005）。这次滑坡形成的泥石流到达了冰岛的大陆边缘，海水运动引发的海啸对挪威、冰岛和苏格兰的海岸造成了冲击。据估算，此次海啸的高度达到了几十米。这项研究的动力在于，在斯托瑞加滑坡的滑脱构造下方发现了一个大型气田。由于这里是深水环境，需要将开发设备和管线安装在海底，所以必须确定钻井和天然气开采作业是否会引发另一起滑坡。这项研究的重点是造成滑坡的根本原因和海底的斜坡稳定性情况。

甲烷水合物的分解是造成海底滑坡的可能原因之一。滑坡发生时的海水温度相比于末次冰消期已经上升了8℃。海水温度升高的部分原因在于墨西哥湾流（Gulf Stream）将温暖的海水从热带大西洋带到了欧洲北部沿海地带。人们认为，气候变化造成水合物带的分解和变薄，是引发这次滑坡的可能原因之一。

然而，本次研究显示，这次滑坡发源自斜坡底部，并最终延伸到了斜坡顶部。引起海底滑坡的原因很可能是一次大型地震。虽然水合物不是造成斯托瑞加滑坡的原因，但这种海底滑坡能将大量甲烷释放到大气当中。针对这一地区的最新研究显示，滑坡区域附近存在大量甲烷水合物。然而，在滑坡沉积物本身中却没有发现水合物的证据（Paull et al.，2007）。目前仍无法确定，究竟所有水合物都在滑坡过程中被释放掉了，还是滑坡沉积物中本来就没有水合物存在过。

10.4 海洋水合物开采的环境影响

马里克地区的两次水合物开采试验（见第八章）对陆地水合物开发生产的环境风险进行了评估。陆上水合物开采所面临的问题在很大程度上与传统天然气和油藏开采类似。由于缺少开发经验，很难评估海洋环境下的所有风险及其程度。

如前所述，开发海洋水合物藏所面临的主要环境风险如下：

（1）开发井附近的海底甲烷泄漏；

（2）海底沉降；

（3）海底滑坡；

（4）向海洋排放生产用水。

天然气水合物的分解会产生大量的水。虽然水合物分解的淡化作用会将生产用水稀释，但生产用水仍然能对海洋环境造成伤害。

日本于2001年启动甲烷水合物研发项目（Methane Hydrate R&D Program），研究了环境影响的评估工具、评估方法和应对措施（Nagakubo et al.，2011）。此项研究提出在甲烷水合物藏开发之前实施安全商业生产的管理计划。

图10.5为海洋环境以及水合物开发测试之前、之中、之后进行的环境检测示意图。尤其要在深部海底及其附近检测甲烷溶解浓度的任何变化，用于监测甲烷泄漏。利用倾斜仪和压力传感器检测海底变形，还要对水质进行控制。

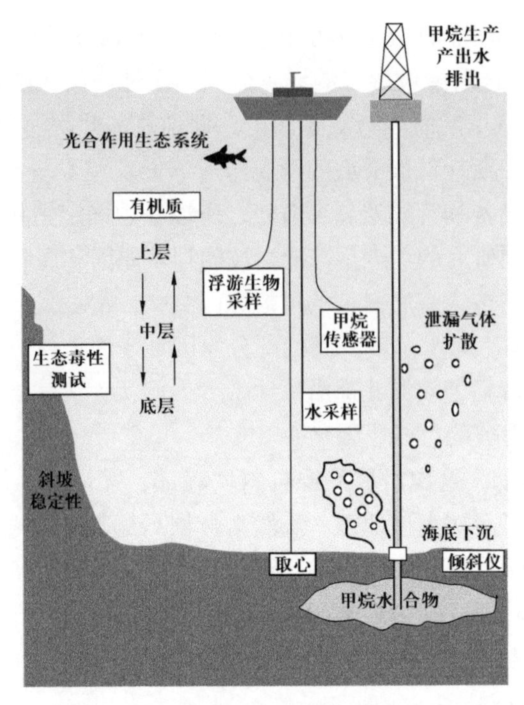

图 10.5　海洋环境和远程监测的原理图

甲烷水合物分解是一个吸热过程，周围地层的温度会随着甲烷水合物的分解而降低，从而对分解产生抑制。事实上，水合物的连续分解需要有连续的能量输入。此外，目前发现的甲烷水合物藏的空间尺度还远不能形成斯托瑞加滑坡那么大规模的事件。

如果利用降压法开采沙质沉积物中的天然气水合物，则发生海底天然气井喷的风险将大幅降低（Nagakubo et al.，2011），如图 10.6 所示。假设发生类似 2010 年墨西哥湾深水

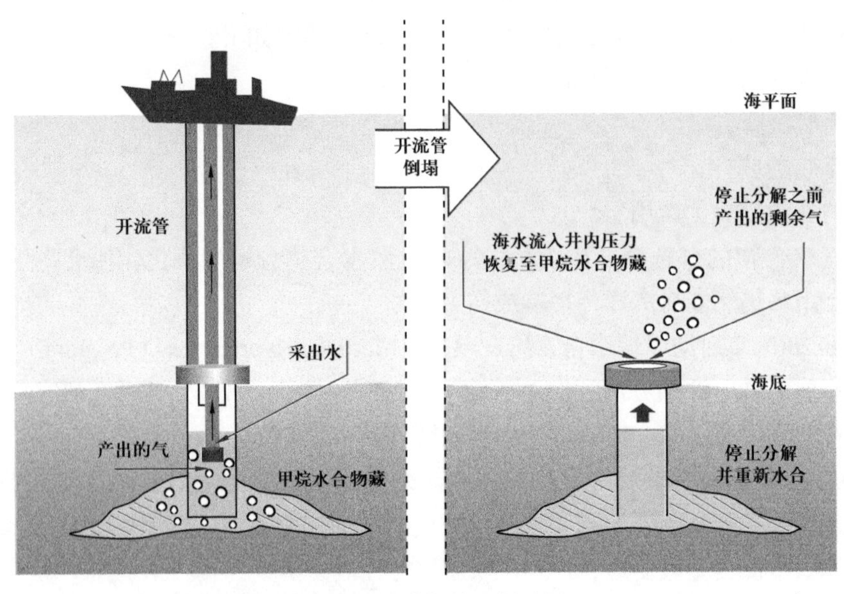

图 10.6　海洋生产测试中的自我故障保护机制（据 Nagakubo et al.，2011）

地平线的意外事故，海水将会流入生产井。随着沉积物地层压力的逐渐恢复，水合物很快就会停止分解。

10.5　二氧化碳封存

1997 年 12 月 11 日，160 个国家在联合国的倡议下（《联合国气候变化框架公约》）在日本签订了《京都议定书》，旨在控制人为的大气温室气体（主要是 CO_2）排放，防止对全球气候系统造成危害。

CO_2 封存是一种从排放源头（例如发电厂）控制 CO_2 的措施，以存储代替向大气中排放 CO_2。在排放源获得 CO_2 之后，如何安全有效地存储 CO_2 是最大问题。针对这个问题，人们提出了很多方法，并开展了试验项目研究（IPCC，2001）。IPCC 提出了三类可进行地质封存的区域：

（1）废弃油藏。将 CO_2 泵入废弃油藏具有很多优势，天然的密闭地质环境（油气圈闭）能将 CO_2 限制在原地。此外，CO_2 还能作为采油剂来提高采收率，增加油气产量。

（2）未使用的煤矿。这类煤矿可以提供充足的地下空间，且容易操作。煤的表面可以吸附一部分 CO_2，并将原来的甲烷替换出来，这部分甲烷还可以开采和利用。

（3）深部盐水层。地层深部存在大型盐水层，具备大规模 CO_2 存储能力，但其附近地层的气体渗透率较难评估。

另一个可进行 CO_2 地质封存的区域是海洋。CO_2 溶于水，所以海洋可以容纳大量 CO_2。事实上，自然界本身就正在进行着这一过程。海洋是一个大型的 CO_2 池，正不断地清除着大气中的 CO_2。释放的 CO_2 中，超过 30% 被海洋立即吸收掉了。向海洋中排入额外的 CO_2 会增大海水的酸性（降低 pH 值）。海水酸性的增加会对大量海洋生物构成威胁，例如珊瑚虫。

当海水深度超过约 2700m时，CO_2 的密度将大于海水的密度。因此，有人提出将液态 CO_2 泵入这一深度之下，在海洋深处底部形成 CO_2 “湖泊”（IPCC，2001），并在 CO_2 与海水的界面处生成水合物。事实上，海水流经 CO_2 地带时将造成水合物分解，使 CO_2 逐渐溶解到海水中，导致该过程更像是延期释放而非长期封存。美国蒙特利湾海洋生物研究所（Monterey Bay Aquarium Research Institute）进行了一项有说服力的实验，他们在水深 3600m 的海底利用水下机器人将一定剂量的 CO_2 注入烧杯当中（Brewer et al.，1999）。如图 10.7 所示，烧杯中的 CO_2 以水合物的形式发生快速扩散。据估算，由于注入海底的 CO_2 会形成水合物，其体积可扩大为原始体积的四倍以上，此后便会溶解到海水之中。这种自生的流体动力学不稳定性将 CO_2 排至烧杯外部，意味着这种 CO_2 处置方法存在很大难度。由于海洋开放式存储 CO_2 的方法面临着非永久性、复杂流体行为的问题，还可能对局部生态系统造成毁灭性影响（海洋酸性增加），因此并不可行。

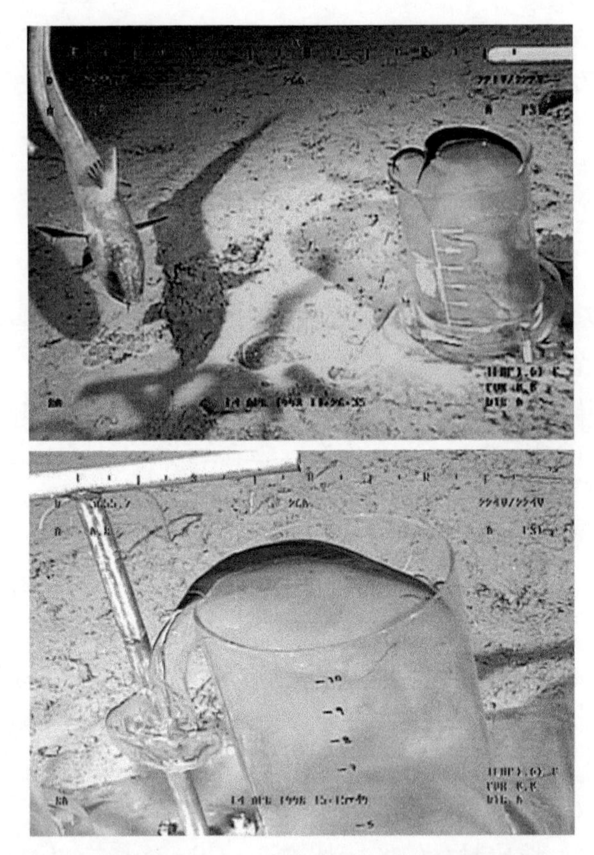

图 10.7 在 3600m 深的海底进行 CO_2 直接处置的可控实验（据 Brewer et al.，1999）
水合物迅速形成并扩散，迫使液态 CO_2 上升并排出烧杯

所有 CO_2 封存方法都必须考虑 CO_2 的意外释放对人类的危害。如果考虑将 CO_2 存储在水体底部，就必须提到喀麦隆的“杀人湖（Killer Lakes）”（Clarke，2001）。1984 年莫努恩湖（Lake Monoun）、1986 年尼奥斯湖（Lake Nyos）分别向大气中释放了大量的 CO_2。CO_2 蔓延至附近的山谷之中（CO_2 密度大于空气），造成了大批的人和动物死亡（超过 1700 人死于尼奥斯湖事件）。来自火山底土的 CO_2 含量逐渐增加是发生这类致命湖泊气化事件的原因。相对于湖面而言，湖底的压力较高，从而能够容纳更多的 CO_2。如果湖水发生翻转，湖面附近湖水突然变为 CO_2 过饱和状态，就会以喷发的形式将多余的 CO_2 排出。这类杀人湖属于自然现象，但计划将 CO_2 存储在水体底部时也应予以考虑。

10.6 外太空的水合物

最后来讨论太阳系中的情况。目前可以根据压力、温度以及气体存有情况来判断行星、月球和其他太阳系天体上是否存在水合物（Miller，1961）。岩浆冷却过程会产生气体（例如甲烷和 CO_2）和水。在太阳系中，许多行星及其卫星的大气和地层都具备使水合物稳定的条件。特别是气态巨行星（例如木星、土星、天王星和海王星）上，天然气水合物的数量很可能大于岩石物质或其他所有晶体化合物（Kargel，2001）。这样一来，太阳系中以水合物形态存在的天然气数量可能仅次于氦和氢。太阳系中的水合物生成机制如下：

（1）由太阳星云直接生成。彗星和柯伊伯（Kuiper）小行星带上的水合物属于这类成因。可以生成 CO_2、CO 和 H_2 的水合物。

（2）由彗星星云以及冥王星、冥卫一、海卫一、冥族小星体等冷凝物的加热生成。可以生成 N_2、CO 和甲烷的水合物。

（3）形成于外行星的环绕星云、木卫四，以及土星、天王星和海王星的卫星。可以生成 N_2、CO 和甲烷的水合物。

（4）形成于地球的原始水圈、火星、木卫二、木卫三和木卫四。可以生成 SO_2、CO_2 和 N_2 的水合物。

（5）形成于具有更加进化的水圈的行星（例如火星的永久冻土区、木卫二的冰冻圈）。可以生成 SO_2 和 CO_2 的水合物。

（6）由生物成因甲烷生成。例如地球上永久冻土带和海洋沉积物中的甲烷水合物，火星和木卫二也可能存在这种情况。

（7）由地球上与石油和天然气藏有关的热成因气生成。可以生成 CH_4、C_2H_6、C_3H_8 和 C_4H_{10} 的水合物。

火星大气层中的 90% 是 CO_2，另外 10% 为水蒸气、氮气和其他气体。由于火星的温度非常低（−127～−40℃），CO_2 水合物可存在于火星地表浅层。一般认为，火星地表温度的季节性变化会使水合物的生成和分解交替进行（Makogon，1997），引起大气组分的连续变化。人们相信，CO_2 水合物存在于火星极地冰冠地表，还以云状形式存在于大气之中。据估算，火星地表以下的水合物稳定带可达 1km。利用水合物来获得水等资源可以激发人类尝试定居火星（Pellenbarg et al.，2003）。

参考文献

Aharon P，Graber E R，Roberts H H，1992. Dissolved carbon and ^{13}C anomalies in the water column caused by hydrocarbon seeps on the northwestern Gulf of Mexico. Geo−Marine Lett，12：33−40.

Blunier T，Chappellaz J，Schwander J，1995. Variations in atmospheric methane concentration during the Holocene epoch. Nature，374：46−49.

Brewer P G，Friederich G，Peltzer E T，et al.，1999. Direct experiments on the ocean disposal of fossil fuel CO_2. Science，284：943−945.

Brook E G，Sowers T，Orchardo J，1996. Rapid variations in atmospheric methane concentration during the past 110，000 years. Science，273：1087−1091.

Bryn P，Berg K，Forsberg C F，et al.，2005. Explaining the Storegga slide. Mar Petrol Geol，22：11−19.

Camerlenghi A，Panieri G，2007. Aspetti ambientali//Giavarini C. Energia immensa e sfida ambientale. Gli idrati del metano. Roma：Editrice La Sapienza.

Chapellaz J，Barnola J，Raynaud D，et al.，1990. Ice core record of atmospheric methane over the past 160，000 years. Nature，345：127−131.

Clarke T，2001. Taming Africa's killer lake，Nature，409：554–555.

Dickens G R，2004. Hydrocarbon–driven warming. Nature，429：513–515.

EPICA Members，2004. Eight glacial cycles from an Antarctic ice core. Nature，429：623–628.

Hesselbo S P，Grocke D R，Jenkyns H C，et al.，2000. Massive dissociation of gas hydrate during a Jurassic oceanic anoxic event. Nature，406：392–395.

IPCC，2001. Climate change：the scientific basis. Contribution of working group I to the third assessment report of the intergovernmental panel on climate change//Houghton J T，Ding Y，Griggs D J，et al.，Cambridge：Cambridge University Press.

Jahren A H，2002. The biogeochemical consequences of the mid–Cretaceous Superplume. J Geodyn，34：177–191.

Kargel J S，2001. Formation，occurrence，and composition of gas hydrates in the solar system. Earth system processes—global meeting. Session No. T9：the role of natural gas hydrates in the evolution of planetary bodies and life. Edinburgh，24–28 June 2001.

Kennett J P，Cannariato K G，Hendy I L，et al.，2000. Carbon isotopic evidence for methane hydrate instability during quaternary interstadials. Science，288：128–133.

Kennett J P，Cannariato K G，Hendy I L，et al.，2003. Methane hydrates in quaternary climate change：the clathrate gun hypothesis，54. AGU Special Publication.

Makogon Y F，1997. Hydrates of hydrocarbons. Tulsa：PennWell Books.

Maslin M，Owen M，Day S，et al.，2004. Linking continental–slope failures and climate change：testing the clathrate gun hypothesis. Geology，32（1）：53–56.

Miller S L，1961. The Occurrence of gas hydrates in the solar system. Proc Natl Acad Sci U S A，47（11）：1798–1808.

Nagakubo S，Arata N，Yabe I，et al.，2011. Environmental impact assessment study on Japan's methane hydrate R&D program. Fire in the ice，4–11 January.

Paull C K，Ussler W III，Holbrook W S，2007. Assessing methane release from the colossal Storegga submarine landslide. Geophys Res Lett，34：L04601.

Pellenbarg R E，Max M D，Clifford S M，2003. Methane and carbon dioxide hydrates on Mars：potential origins，distribution，detection，and implications for future in situ resource utilization. J Geophys Res. doi：10. 1029/2002JE001901.

Reagan M T，Moridis G J，2007. Oceanic gas hydrate instability and dissociation under climate change scenarios. Geophys Res Lett，34：L22709.

Reagan M T，Moridis G J，2008. Dynamic response of oceanic hydrate deposits to ocean temperature change. J Geophys Res，113：C12023.

Schaefer H，Whiticar M J，Brook E J，et al.，2006. Ice Record of d13C for atmospheric CH_4 across the younger Dryas–Preboreal transition. Science，313（5790）：1109–1112.

Solheim A，Berg K，Forsberg C F，et al.，2005. The Storegga slide complex：repetitive large scale sliding with similar cause and development. Mar Petrol Geol，22：97–107.

Sowers T，2006. Late quaternary atmospheric CH_4 isotope record suggests marine clathrates and stable. Science，311（5762）：838–840.

Wignall P B，2001. Large igneous provinces and mass extinctions. Earth–Sci Rev，53：1–33.

Woller M J，Ruppel C，Pohlman J W，et al.，2009. Permafrost gas hydrates and climate change：lake–based seep studies on the Alaskan north slope. Fire in the Ice，6–9，Summer.